新企画

渾身の企画と発想の手の内
すべて見せます

放送作家
鈴木おさむ

幻冬舎

新企画

渾身の企画と発想の手の内すべて見せます

はじめに

放送作家の鈴木おさむです。19歳でこの仕事を始め、2016年の4月で44歳になります。放送作家人生も25年目になりました。

そこで、今回、25年目にして、自分の企画の考え方、モノの作り方などを本にして公開させていただきます。

ここ数年、よく「ビジネス本を出しませんか?」と依頼をいただきました。真正面からのビジネス本というのはイメージが湧かず、お断りしてきましたが、今回。これはビジネス本。

2015年の夏ごろから、僕は、育児のため「父勉」と称して、父親を勉強するために、放送作家業をほぼ休業している状態です。

生まれたばかりの子供と向き合いながら、家にいることもかなり多くなり、オンタイムでテレビを見る時間もかなり増えました。

そのおかげで、今のテレビというものが世の中の人のどんなところに位置しているのかがわかった気がします。

そしてスマホによる様々なサービスとアプリ。動画、映像の配信サービス。何といっても「Netflix《ネットフリックス》」。

サイバーエージェントとテレビ朝日で作る「AbemaTV」にも期待が高まる。

日本では、まだ地上波と並ぶほどのネット系の動画配信サービスは出てきていませんが、「Netflix」なんかを見ていると、その日が近づいているかもと感じたりもします。

「地上波の番組と並ぶ、もしくはそれを超えるほどのおもしろいもの」が作られた時にそうなるのだと思います。

もし、そんな日が来るのだとしたら、そこに自分も関わってみたいという思いもある。

不思議なもので、仕事を休むと、今まで以上に企画がポロポロと思い浮かんだりするのです。

　僕は企画を思いついたら細かくメモしていくタイプなのですが、その企画は、テレビのバラエティー、ドラマの企画だけでなく、ネット系のサービスやアプリにまで及びます。

　そこで、どうせなら、今回思いついた新企画とここ数年輪郭だけ浮かんでいた新企画をまとめて一冊の本に出来ないかと考えたのです。本の執筆だったら妻と子供が寝てから書くことが出来ます。なので、新企画をこの本のためにまとめていきました。

　すると途中で、この本を担当している幻冬舎の箕輪君から「これらのアイデアはどうやって思いつき、考えたのですか？」と聞かれたのです。

　自分がどうやって企画を考え、作っていったかについて一個ずつ向き合って考えたことはないのですが、ちょっと考えてみると自分のこれまでの仕事の仕方、モノの作り方を振り返ることが出来て、自分自身の癖がわかり、とてもおもしろいなと思ったのです。

　この本では、僕がテレビとネットの番組、アプリなどにまつわる新企画を考え、それに「企画術」と称して、どうやって考えたのか？　企画の考え方や作り方などを、今まで作ってきた番組や映画、本などを振り返りながら、公開していくことにしました。

ここで僕が解説している企画の考え方やその精神論は、テレビの世界でなくても多くの人の仕事の仕方、考え方のヒントになるかもしれないと思いました。

仕事だけでなくとも、例えば友達の結婚式を仕切らなきゃいけない時、仕事の先輩との飲み会を盛り上げなきゃいけない時、好きになったあの人とのデート、家族旅行などなど、「企画」一個でかなり変わります。

育児と向き合い日々料理をするようになり、料理も企画の一個なのだとわかりました。

企画とは何かと聞かれると、僕は「種」だと思っています。

種を蒔く人生も楽しいですが、種そのものを作ることはもっとおもしろい。

ここにある「22個の種」と、その企画にまつわる「企画術」を読めば、皆さんも、種を蒔くだけでなく、種を作り出すことも、そんなに難しいことではなく、むしろ楽しいことなのだ、やってみようかなと思ってくれるに違いない。

自分にとってもいい脳のトレーニングになったので、そんな気持ちで、この本を捲《めく》ってみてください。

鈴木おさむ

ATTENTION

本書に掲載されている
「新企画」をビジネスで
ご利用になりたい方は
下記までご連絡お願い致します。

〈お問い合わせ先〉
（株）幻冬舎 第三編集局　「新企画」係
TEL:03-5411-6211　FAX:03-5411-6225
E-mail:kosuke_minowa@gentosha.co.jp

新企画　渾身の企画と発想の手の内すべて見せます　目次

第１章

一流の企画者になるには

「無理」にワクワクできれば企画者になれる
企画者としてのメンタリティーと身に付けておくべき基礎テクニック

第2章
「ヒット企画」と「普通の企画」の違い
企画は熱を放ったとき初めてヒットする
受け手が熱狂し興奮するための手法

第１章

一流の企画者になるには

「無理」にワクワクできれば企画者になれる
企画者としてのメンタリティーと
身に付けておくべき基礎テクニック

新企画 1

投資家対戦バラエティー「金《かね》の神《かみ》」

日本人の経済への興味は増していると言われている。ニューズピックス、東洋経済オンラインなどの経済系ニュースアプリを使用している人も多い。

日本では経済格差の広がりが止まらず、ならば給料としてもらえるお金を少しでも増やしていこうと、株やFXなどへの興味はより増しているのではないか。

そんな中、カリスマ投資家と言われている人たちがいる。カリスマ美容師、カリスマ料理人が話題になったが、これからはカリスマ投資家がもっと騒がれる時代が来る!!

ネットで探ると、興味深いカリスマ投資家の名前が続々と出てくる。

たった6年で元手の200万円を10億円にして注目を集めたカリスマ投資家DAIBOUCHOU。

B・N・F／ジェイコム男と言われる投資家は、2005年みずほ証券のジェイコム株誤発注事件により、約20億円もの利益を得て連日ニュースで報道された。当時は無職の27歳。元手はたった160万円。

うり坊と言われる投資家は、パチスロで稼いだ100万円の資金を1年半で1億円にした。一時は2億円近くまでいったらしいが、その後387万円まで減らすというドラマチックな人生。

株之助／HANABIという投資家は、デイトレーダーの先駆けで、300万円の資金を2億円にして、「ガイアの夜明け」でも取り上げられた。

日本にはキャラクターの濃いカリスマ投資家がたくさんいるのだ。カリスマ投資家と言われた人たちの中には、ひっそりと引退している人も多く、その人生も興味深い。

そこで、この企画は、カリスマ投資家をフィーチャーしたバラエティー。

please imagine this!

毎回、二人のカリスマ投資家をピックアップ。もちろん、顔を見せたくない人も多いので、CGで覆面を作る。

今回の投資家は、200万円を10億円にした男vs100万円の金を1億円にまでしたが、一気に減らした男。

番組が用意した予算、1000万円を渡し、3ヶ月間でいくら増やせるか？　二人に勝負してもらう。

投資の方法は、株、FXほか、ギャンブルで使う以外だったら何でもいい。

三ヶ月という期間で、あらゆる投資術を使い、増やしていく。

もしマイナスになった場合には、その分は番組が負担。1000万円から増えた金額がその人のギャラとなる。

つまり、投資家としてのプライドだけを賭けた戦いなのだ!!

二人は様々な情報を自分なりのルートでピックアップし、投資していくだろう。

200万円を10億円にした男が勝つのか？　1億円を減らした男がリベンジを賭けて勝つのか??　そしてその投資法は？　作戦は??

果たして3ヶ月後、どっちが勝っているのか??

この番組のおもしろいところは、二人の対決軸ももちろんながら、投資の情報をふんだんに入れ込めるところ。3ヶ月の対決が終わってから一気に放送していくので、どんな株を買ったのか？　どんなことに投資したのか？　銘柄も含めて発表していける。

そうすることによって、日本の企業情報や細かいニュースがいかに株価を動かしているか、3ヶ月間の日本の動きが経済的な面からよくわかる。

意外な商品の発表であの会社の株が動いていたり、あの芸能人の結婚で株が落ちていたり。

風が吹けば桶屋が儲かる仕組みがわかってくる。

目で見る経済新聞×バトル。

「金の神」は働くサラリーマン男性の心をつかむでしょう!!

企画術

「出来ない」「無理」から企画は始まる

まず言っておくが、これはネット系の番組でしか出来ない企画だと思う。企業の名前などがどんどん出てくるので、地上波だと難しいところがある。地上波では出来ないからこそ、ネットなどの番組でやったらおもしろい企画。

日本では地上波以外にもBS、CS、ネット系などチャンネル数はとても増えた。よく、「地上波では出来ない番組」を意識しすぎるあまり、過激なものを作っている人が多い。

過激だったり、エロだったり、そういうものは逆にエンターテイメントにするのは難しく、うまくいっているものは少ない気がする（たまにあるので、それは心からリスペクトするが)。

もし僕がネット系で番組を作るのならば、「地上波では出来ない」番組を意識して作るべきだと思っている。そして、その「地上波では出来ない」番組というのは、この「金の神」のような番組だと思う。

テレビ朝日で「お願い!ランキング」という番組がある。2009年に放送は始まり、「ちょい足しクッキング」や「美食アカデミー」など、ヒット企画が結構出た。

「無理」にワクワクする

この番組を始める時、テレビ朝日のプロデューサーから極秘に呼び出されて言われた。

「深夜で1時間、低予算でしばらくはタレントなしで作らなければならない」と。しかも帯。予算が少ない、タレントもなし。無理だと思った。

だけど、**無理だと思う心の奥で、ワクワクする気持ちがなかったわけではない。**

そんな「ないもの尽くし」の状況で、最初に気合いを入れて作ったのは「美食アカデミー」という企画だった。

チェーン店のお店のメニューがおいしいかどうか？　食のプロたちが好き勝手本音を言って、ランキングを付けてしまう企画。

この企画、それまでのテレビの中では出来なかったし、なかったと思う。

ランキングを付けるということは、上位も決まるけど下位も決まるのだ。僕はそれをすごく大事にした。10品あって、上位3つを紹介するのではなく、最下位も発表する。食のプロたちは、上位に決めたモノを誉めるが、下位になったモノには結構キツいことを言ってしまう。

最初のころの収録は大変だった。出てくれる企業も少なかったし、現場はかなりピリピリした。

それもそうです。この企画、食のプロの批評をその商品を販売する企業の人が別室ですべて聞いているのです。その評価を聞き、明らかに怒っているな！　って時もあった。

弱点を見せることで、説得力が増す

ただ、僕は思ったのです。下位をテレビで発表することにリアルがあって、下位を発表するから上位を買いたくなるんじゃないかと。

悪いところをあえて見せるからいいところを信じるんじゃないかと。

美人の女性にね、「かわいいですね」と言って、僕が一番信用しないのは「そんなことないです」という人。

僕が信用するのは、「かわいいですね」と言ったら、「ありがとうございます」と認めた後に「顔はかわいいって言われるんですけど、性格悪いって言われるんです」とか、自分の弱点を言える人。そうすると、かわいさの得点がより上がる気がする。

この「美食アカデミー」の企画を思いついたきっかけは、コンビニで見かけた『家電批評』という雑誌だった。雑誌の中では、家電の新商品を並べて、家電好きな人たちが得点を付け、好き勝手言っている。

厳しい得点も付けているからこそ、良いと言っている言葉に説得力がある。

誉めることしかしなかったら、信用出来ない。けど、悪いところも言うから信用出来る。だけど、スポンサーの関係もあり、これはテレビでは出来ないとずっと思っていた。

で、「お願い！ランキング」の話があった時に、予算も少なく、タレントも

使えなかったから、今までテレビでやらなかったこと、出来なかったことを提案するしかなく、それを形にしていった。

企画が最も輝く場所を探すのも企画力

ネットで番組を作るとしたら、地上波で出来ない企画を考えて、この「金の神」みたいな番組を作りたいなと思っている。

地上波では出来ないというところでいくと、新人の作家さんが出しがちな企画が、大学生が企業に就職するまでを番組にしていく企画。

企業の就職試験をテレビでやるのは、色んな規定にひっかかって、出来ないそうなのです。

出来ないモノには意外な理由があって、だからこそ、**ある場所では咲けない花でも別の場所ではキレイに咲くことがある。**この企画はどこで最も輝けるか。そういうことを常に意識するのは大切だと思う。

最後に、ちょっと話はそれるが、「料理の鉄人」以降、何かのプロを対決させる番組はあるけれど、この投資家の対決以外で僕がとても興味があるのがメイクのプロ同士の対決だ。

ざわちんをはじめ、女性のメイク、特に「盛りメイク」技術はとてつもなくすごい。

２０１４年、タイで日本の文化を紹介するイベントがあったが、現地の人のリアクションはとても大きく、そこであらためて、日本女子の盛りメイク技術のすごさを知った。

なので、メイクさん同士が盛りメイク技術で対決する番組も、おもしろいなと思っている。タイトルは「メイクミラクル」とか？

check list!

- □「出来ない」「無理」を逆手にとって企画を考える
- □あえてマイナスを見せることで説得力は演出できる
- □企画を考えるとき、その企画が最もいきる受け皿も考える

新企画 2

恋愛再現バラエティー「50キュン・GOJUKYUN」

エンターテイメント界でずっとトップを走っているダウンタウンさん、ウッチャンナンチャンさん、とんねるずさん、そして音楽界ではドリカムの吉田美和さん、気づくとみんな50歳を過ぎています。サザンの桑田佳祐さん、松任谷由実さんは60歳以上になっている。そうです。日本の50歳以上はとてつもなく元気で若いのです。

バブル時代に青春を過ごした50代近辺の人たちは、トレンディードラマを見て恋に恋してディスコに行き、スキーに行き、恋愛しまくった人が多い。年を取って、50代になった今でも、20代よりも元気で、やんちゃだったりする。そしてキラキラしていた日本を知っているので、お金の使い方も知っている。

この世代は、とても人口が多く、そして購買意欲が高いと言われている。企業にとっても大きなターゲットとなっている。

そこでこの企画は、80年代に青春を過ごした50代に向けた胸キュン番組です。

コンセプトは、「50代も胸キュンしてる！」です。

青春時代に恋しまくった男性・女性は、50歳になってもあのころと変わらぬ思いが残っている。50代の恋というと不倫ばかりをイメージしそうですが、そんなことはない。日本では3組に1組が離婚しています。ということは、50代も結構な人数がシングル。そして仕事一筋に生きて結婚するタイミングを逃した男性も女性も多い。もちろん、結婚しているけど自分の人生、このままでいいのかしら？　と悩んでいる奥様も多い。

みんな、思っている。恋したい、キュンとしたい。

そこでこの番組は、50代の人から、最近のキュンとしてしまった本当の恋愛エピソードを募集。高校の同窓会で？　同級生の葬式で？　会社の後輩の結婚式の2次会で？

50代と50代、50代と40代。

募集して選ばれた、トレンディードラマさながらの50代のキュンとする思いとその恋を5～10分の再現ドラマにします。

出演は、現在50代近辺からそれ以上の、トレンディードラマ全盛のころの役者さん。

W浅野はもちろん、三上博史、陣内孝則、賀来千香子に布施博に池上季実子に吉田栄作に田中美奈子に田原俊彦も。

ショート再現ドラマの中では、ユーミン、サザン、達郎、ミスチル、ドリカム、渡辺美里にZOOの「チューチュートレイン」まで、80～90年代の曲がかかりまくり。

スタジオでは、司会者と、50代のタレントさんがゲストとして登場し、どれだけキュンとしたか審査。そして20代のパネラーゲストも5人ほど登場し、50代の胸キュン恋愛を見てどう思ったか？　キュンときたか？　全然しなかったか？　時には語り、時には50代と激突。

please imagine this!

例えばこんなショート再現。

●同窓会：テーマ曲　サザンオールスターズ「涙のキッス」

20年ぶりに高校の同窓会が開かれる。50歳記念で開かれた同窓会。

温子は昨年離婚したばかり。心労も多い一年だったが、なぜか同窓会にワクワクしてしまい、ダイエットをして体を細くしたりする。

そして同窓会当日。みんな年を取った。が、野球部のキャプテンだった博は、メタボな体型でもなく格好いい。あの当時の雰囲気が残っている。博は仕事一筋できたため、結婚するタイミングを逃したのだという。

みんなお酒を飲みながら懐かしい思い出話に花が咲き。温子はつい言ってしまう。「私、あのころ博君のこと好きだったんだよ」と。すると、博は言う。「え？　俺も」

同窓会は終わり、みんなで慣れないＬＩＮＥを交換。温子と博も。慣れないフルフルで交換し、ちょっとドキドキ。

帰りの電車。スマホのLINEに博からのメッセージが。そこには書いてあった。「今でも、好きかも。いや、今日また好きになった」

涙のキッスを聞いて恋していたあの時の気持ちが蘇る。……キュン。

●元カレ：テーマ曲　松任谷由実「リフレインが叫んでる」

ゆう子は総菜屋でパートしている。結婚して20年。旦那は不倫しているようだが、それに腹を立てる気持ちすらなくなった。子供も大きくなりつつまらない日々。

すると、ある日、総菜屋にやってきたのは。大学時代の元カレ、祐二。

二人、目が合い気づく。

丁度、ゆう子もパートをあがる時間。家までの帰り道。ゆう子と祐二は話しながら帰ることに。祐二は離婚して引っ越してきたのだという。離婚は奥さんに一方的に切り出され、自分の浮気が原因ではないという。

この日、祐二が買ったのは肉じゃが。祐二は昔から肉じゃがが好きだ。ゆう子は言う。

「まだ好きなんだね。肉じゃが」

あの時、結婚する約束までした二人だったが、彼のたった一回の浮気で別れてしまう。

歩きながら付き合ってた時の思い出話をして笑う二人。

ゆう子「あの時、別れてなかったらどうなったんだろうね」

祐二「結婚してたかもな……」

と、彼の家の前についた。小さなマンション。

ゆう子は思い切って言う。「今度家で作ってあげようか？　肉じゃが」

30年ぶりに恋のリフレインが叫び出す。……キュン。

●50歳のクリスマス：テーマ曲　マライア・キャリー「恋人たちのクリスマス」

美奈子、50歳のクリスマスイブ。結婚もしてない。彼氏もいない。昔からモテた女だったが、30歳の時から5年間付き合った彼が、若い女とデキてしまい、美奈子は35歳にして独り身に。それ以来結婚するタイミングを逃した。彼氏はたまに出来るが、長くは続かない。そして50歳の今。彼氏はいない。

編集部勤務で仕事は出来る。社内ではデキる理想の女と言われていて、今も恋していると噂されている。自分より5歳年下の部下、生意気で弁がたつ健二がいる。

クリスマスイブ。美奈子には予定がない。家に帰る前に、TSUTAYAに寄りレンタルDVDを見ている。目に入ったのは「ラブ・アクチュアリー」。好きな映画だ。久々に見たくなる。この映画を一人クリスマスイブに見る女は寂しいかどうかと一人自問自答するが、やはり見ることに。「ラブ・アクチュアリー」は1本だけ残っている。それに手を伸ばすと、他の人と手が当たる。もう一人、手を伸ばした男性がいる。その男性は、職場の部下、健二だった。

そこで健二と話をすると。健二は会社では言ってなかったが、すでに離婚していた。そのことをそこで美奈子に告白する。そして健二は。

健二「あれ？　もしかして一人でこれ見る予定でした？」

一人で見るなんて思われたくない美奈子は「彼と一緒に見ようと思ってね」と強がる。

「でも、いいよ！　これ、借りて」と。

すると、健二は言う。「先輩って、嘘つく時、右の眉が上がる癖あるんですよね」と。

美奈子「嘘じゃないから」と強がる。すると健二は美奈子に言う。「俺、離婚して初めてのクリスマスイブなんです。だから部下から一つだけバカなお願いしてみていいですか？」

美奈子が「何？」と言うと、健二は「ラブ・アクチュアリー」を取り、美奈子に言う。

「今夜、一緒にこれ、見てくれませんか??」

二人のラブ・アクチュアリーが始まる。……キュン。

こんな50代の胸キュンショートラブストーリーに、50代はもちろん、あらゆる世代が恋したくなります。もう胸キュンは若い人たちだけのモノじゃない。

企画術

器を変える技術

昨年、お世話になっていた先輩の経営するバーに行った時のこと。

カウンターにその先輩の古くからの友達である女性のSさんが座っていました。年齢50歳。とても綺麗な方で、独身だそうです。結婚経験もなし。バリバリ働くSさんは、かなり酔っている様子。

すると、途中で語り出したのです。最近、大好きだった男性に失恋したことを。不倫でもなく、純粋な恋愛。ボロボロ泣き出して、やけ酒。全力で恋して恋に破れて泣きながら酒を飲むその姿はとても50歳とは思えない。

ここ数年、日本の50代の若さはすごいと思っていましたが、そのSさんが失恋して泣いている姿を見てあらためて思ったのです。50歳になったって恋したい。50歳だってキュンとしたいんだと。

自分は40歳を超えて、10代、20代のころの感覚が消えたわけではない。ということは50代に突入してもこの感覚はなくならない。

年を取っていくからといって、若いころの感覚が消えていくわけではないのだ。昔恋してた人はその感覚は多少色が変化しながらも残るのだと思いました。

そして、僕らよりちょっと上のバブル時代に青春を過ごした世代はとにかくやんちゃ。

やはり日本が一番元気だった時代に遊んでいた世代は、遊び方を知っているし、その気持ちは変わらない。

これからのテレビ界において、50代の視聴者が肝だと語る人も多い。

実は精神年齢が若い50代は購買意欲も高い。50代だからといって、健康番組ばかり求めているわけではなく、テレビが一番キラキラしていたと言われる時代に育った人たちだから、実は20代の人たちよりもテレビに求めているハードルはいい意味で高い気がする。まだテレビに期待してくれている世代なのだ。

「器を変える技術」とは

そこで、この企画「50キュン」を考えたのである。普通は20代でやる恋愛企画を、50代でやることによって新しく見える。

これを「器を変える技術」と僕は呼んでいる。

20年近く放送している番組「SMAP×SMAP」には番組放送開始から関わらせていただいていますが、この番組が始まるときに、初代プロデューサーの荒井昭博さんが僕に言いました。

「ディスコがクラブになり、スキーがスノボになって再びブレイクしたように、今まで芸人さんたちがやってきたことをSMAPがやることで、新しく格好良く見せることが大切」だと。

器を変えるだけでありふれたものが生まれ変わる

0から1を生み出すこともとても大事ですが、すでに生み出されているものの形を変えて新しく見せることにもテクニックがいり、ハマると爆発を起こすのだと知りました。

「器を変える技術」。例えばほうれん草でも、和食の皿、洋食の皿に乗っている時で見え方は違う。ほうれん草の上に鰹節《かつおぶし》が乗るか、クリームソースが乗るかでも見え方は違う。**器を変えてあげるだけで新しく見えるものは沢山あるのです。**

水なんてまさにそれ。僕らが子供の時、水は買うものじゃなかった。

だけど水は買うものになり、「エビアン」や「ボルヴィック」が現れ、「南アルプスの天然水」が現れ、「い・ろ・は・す」が出てきた。「い・ろ・は・す」こそまさに、器勝ちだと思う。器を変えて、どう価値を出すか。

この「50キュン」もまさに器を変えた番組。20代の胸キュン恋愛経験を番組にしていくものは沢山あったけど、50代のそれはない。胸キュンの器を変えて出してあげる。

器を変える。ふと目に入ったもの。消しゴム、ペン、ライター。この器を変えたら新しく見えるかを考えるのも、小さなトレーニングとなります。皆さんも時間がある時にやってみましょう。

「保険」を作っておく重要性

ちなみにですが、もしこの「50キュン」を1時間番組にするなら、10分ほどのミニコーナーを作るでしょう。「アラフィフ、50歳前後の美女・イケメン」のコンテストとかいいかもしれません。あくまでも本筋は、50歳の胸キュン再現ですが、こういうミニコーナーを入れて番組に「保険」を持つことも大事。意外と「保険」で作ったミニコーナーのほうが人気が出て、気づくとそっちが本筋の番組になっていったりすることもある。が、**結果成功することが大事なので、保険を作ることは格好悪いことではないと思うんです。**

check list!

- □ **器を変えるだけで、すでにあるものが新しく見える**
- □ **企画の本筋とは違う「保険」を用意し成功率を上げる**

新企画３

究極の人生クイズ番組「クイズ！　最高の一問」

もしもあなたが今までの人生を振り返り、クイズ問題をたった一問だけ作りなさいと言われたら、どんな問題を作りますか？　仕事で起きた事件？　家族に言われた言葉？　それとも。

自分の人生を振り返って作った最高の一問。それを他人に出題した時に、「それ答えたい！」となるようなクイズ。どんな人だって、自分の人生を振り返って、一問くらいは究極の自分クイズが作れるはずなんです。

この企画は、真っ黒なスタジオの中に真っ白な四角いテーブルが一台だけ置いてあり、そこに様々な人生を生きてきた４人の人間が集まり、自分しか答えがわからない「最高の一問」だと思うクイズを作り、お互いが出題し、その答えを考え合う番組です。

please imagine this!

とある回、そこに集まるのは……。

30年間脳外科医として働き、スーパードクターと言われている男が、自分の人生を振り返り、最高の一問を作るとしたらどんなクイズなのか？　たった一回失敗したあの時のことか？　それとも妻に言われた言葉か？

最高裁裁判官をやっていた男が出題する、最高の一問とは？　あの大事件の判決を言い渡した時と絡んでくるのか？　それとも、人生で一番泣いたあの日のことか。

60歳なのにまったく売れてない役者。しかも同期で芝居を始めた中には超売れっ子俳優が。それでも役者を続ける彼の最高の一問とは何か？　陽が当たらない人生だったからこそ感じることが出来たこと。それは？

巨額の脱税で捕まり、刑務所に3年間服役し、出てきた時は会社も何もなかった。だけど何もなくなった彼を待っていてくれたのは家族。そんな彼が作る最高の一問とは？

50年間、サラリーマンとして普通に生きてきた愛妻家の男性。どこにでもいそうな男性。毎日まじめに生きてきた普通の男性。奥さんは一日も欠かすことなく毎日お弁当を作ってくれた。そんな男性が出す最高の一問とは??

その道のプロフェッショナルもいれば、反省しながら生きている人、毎日コツコツ生きているサラリーマンもいる。波瀾万丈に見える人生を送った人も、「普通」と言われる人生を歩んできた人も、一つのテーブルを囲み、自分が作ってきた最高の一問を出題する。

この企画の見どころは、どんなクイズをその場で出すかだけではない。各自、最高の一問を考えるには時間がかかる。なので、三日間、最高の一問を作る過程に密着。出題者の仕事風景や、過去の人生を振り返ることにより、生き方、つまり「人」が見えてくる。

そうして考えた問題を、当日スタジオに持ち寄る4人。テーブルに座り、一人ずつ出題。一人が出題したら、他の3人が真剣に考えて答える。そして出題者はなぜその問題を出したのか？　説明し、最後に答えを発表。

4人全員が出題し終わったところで、その4人で話し合い、今日の最高の一問を決める。この番組のおもしろくなりそうなところは、スーパードクターや最高裁裁判官をやっていた人の問題と、コツコツとサラリーマンをしてきた人の問題が並ぶところ。

いざ出題してみたら、最終的に、サラリーマンの男性が誕生日に妻から言われて感動した一言が優勝するかもしれない。

この企画は人生の意味、人生の価値をあぶり出していくクイズ番組なのです。

回によっては、テーブルに座る4人を、同じ年数だけ生きてきた同学年で縛るのもいいかもしれません。同じ年数を生きてきた人たちなのに、こんなに違うのかと驚きの連続でしょう。これを見た後に視聴者は思う。どんなに人から尊敬される仕事も、一見普通に見える仕事も、その人の気持ちや考え方次第で、その人生は輝くのだと。

クイズ！　最高の一問。

ちなみに。私、放送作家の鈴木おさむが今出すとしたら。今まで見てきた中で一番綺麗だった芸能人は？　一番オーラのあった芸能人は？　違うな。

出題！　私、鈴木おさむが、30歳を過ぎて、人生で初めて本気で心を込めて使えた言葉は何でしょう？　それまでは使ったことがありませんでした。さあ、何？

企画術

「好奇心」こそ企画作りの源流

僕は「好奇心」というのは最高の才能だと思っています。人が知らないことを知りたい。そしてそれを伝えたいと思う気持ち。

自分に興味を持ってもらうことが「企画」の第一歩

19歳でこの世界に入った時に、大人たちは僕にまったく興味を持ってくれない。興味を持ってくれないから出した企画やネタにも興味を持ってくれない。

その時に思いました。まず人として興味を持ってもらうしかないなと。当時、東京ではSMクラブが流行り始め、僕に興味のない大人たちは「SMクラブ」の話をしていました。

いったい、どんなところなんだろう？　どんなことをするのだろうと、僕は覚悟を決めて、SMクラブに行きました。もちろんそんな趣味はなく、取材と思って行ってきました。

その翌日、「大人たち」にSMクラブに行った話をすると急に僕に興味を持ってくれました。

僕という人間に興味を持ってくれると、僕が出した企画などにも興味を持ってくれるようになりました。

その時に気がつきました。**人がしたことのない経験をしている人は「興味を持たれる」**のだと。

自分から遠いものこそ、自分にとって必要なもの

僕自身、普段の生活や仕事では聞くことのできない話題を持っている人にすごく興味を持ってしまいます。そしてそんな人とお酒を飲んで、人生を聞き出す。たまらない時間。だって自分が経験したことのないことをしているのだから。

だから僕の携帯には、ホストクラブのオーナーや、事件を起こして傷ついた人とか、色んな人生を経験した人の番号が入っていて、そういう人たちと定期的に食事をするわけです。そして、今までの人生で一番腹が立ったこと、一番稼いだこと、一番驚いた人、一番ヤバイと思った時などを聞くのです。

自分が経験出来ない人生を歩んでいる人には積極的に会う。**自分の仕事に関係ない人こそ、その話は刺激になる。**遠いところにあるものこそ、実は一番の栄養になる。

制限は企画を磨き上げるための必須要素

この「最高の一問」で大切なところは、「一問」とするところ。**企画というのは制限があればあるほどおもしろい。**

おもしろい人生を辿《たど》ってきた人の話は、本、何冊分にもなる。だけど、そこを「一問」とするところにおもしろさがある。

制限というのは、ものの意外なおもしろさを照らし出すことがある。

例えば、2時間以上あるクラシックの一曲がある。クラシックに興味のない人たちは聞いていられない。だけど、日本で最高の指揮者に、その2時間以上ある曲の中で、最高だと思う1分間を挙げてもらう。そこだけ切り取って聞かせてもらう。

なぜ、その1分なのか??

2時間のうちの1分を切り取ることで、その曲のすごさがよりわかりやすく伝わるかもしれない。伝わりにくいクラシックの素晴らしさがわかるかもしれない。

制限をかけるというのは、基本の基本に見えるが、その**制限をかける場所によって、企画はとてつもないオリジナリティーを出す**のです。

check list!

□ まずは企画よりも自分自身に興味を持ってもらう

□ 自分から遠い人の話や経験を積極的に取り込む

□ 制限、制限、制限。制限が企画を磨き上げる

新企画4

新ニュースバラエティー「コメンテーター選手権」

久米宏の「ニュースステーション」はそれまで硬いイメージしかなかったニュース番組を柔らかく身近なモノにしました。そして池上彰はニュースを子供にもわかるくらい噛み砕いて説明し、ニュースを知ったかぶっている大人たち、知らないのに今更聞けない大人たちを安心させ、ニュースをバラエティーに近づけることに成功しました。

10年に一度くらいのペースで出てくるニュースの新たな形の番組、それがこの「コメンテーター選手権」なのです。この番組は、ニュースに新たな見方をくわえ、新たなエンターテイメントショーに昇華させます。

今、世の中の人たちがニュース番組、ワイドショーを見る時に楽しみにしているモノ。それはコメンテーターたちの言葉。時には激しく、時にはウィットにとんだ一言でニュースを痛快に斬る。見ている人はコメンテーターの言葉に共感したり、スッキリしたり、時には怒ったりして楽しんでいる。

が、視聴者が楽しみに出来るコメンテーターの数は限られています。各局、マツコ・デラックスやテリー伊藤に続くコメント力のある人を探し続けているのです。

そこで、この企画は「新たなコメンテーターをオーディションしていく番組」なのです。

毎週スタジオに呼ばれた5人のコメンテーター候補。基本はあまりテレビ出演経験がない人。ベテランの新聞の記者、雑誌のライター、2丁目のオネエ、美人東大生、本は売れてないけど玄人《くろうと》受けはしている作家。毎週、自薦・他薦でこの5人が選ばれコメンテーター候補として出場する。

please imagine this!

番組は生放送。その週の5人のコメンテーター候補が、クイズ番組の解答者のような席に一人ずつ座らされます。

そしてニュースが流れる。1~3分ほどでまとめられた今週のニュース。それを受けて、このニュースを見てどう思ったか？　どう感じたか？　コメンテーター候補が一人30秒ずつでコメントしていく。

5人がコメントし終わったら、スタジオにいる100人の大人たちが、どのコメントが良かったか、審査し、投票、その投票数が得点になっていく。

1時間の番組の中で、10本ほどのニュースが流れ、そのたびに5人のコメンテーター候補

企画術

「主役」を変える視点を持つ

は自分の考えをコメントし、得点がついていく。

最終的に、一番得点を取ったコメンテーター候補が優勝者となり、次の週にも出場していくという企画。

新たなコメンテーターをオーディションで選ぶという軸があることで、今週の5人はどんな人なのか？　何を言うのか？　おもしろい人はいるのか？　と思いながらも、今週のニュースのおさらいが出来る。

新たなニュースエンターテイメントショー。それが「コメンテーター選手権」です。

福神漬けにこだわったカレーライス!?

本来主役ではないものを主役に見せる。

おにぎりの主役はお米です。シンプルな塩のおにぎりだと、なおさら主役はお米になります。

でも「このおにぎりはお米よりも塩にこだわりました」と、**あえて主役じゃなくて脇役を前に打ち出すことでモノの見え方が変わる。**

カレーライスでは福神漬けはあくまでも脇役です。だけど、どうでしょう？「京都の老舗漬物屋がカレーライスに合う福神漬けを本気で考えました」とメニューに書かれてあるカレーライスが出てきたら。

主役は福神漬けになりますし、今まであまり考えなかった目線でカレーライスを食べることが出来ます。

本来主役じゃないモノを主役に見せるというのは、よく見ると、ヒット商品にも沢山使われている手法だったりします。**本来アピールしてなかったところをアピールすることで目立つ。**

このコメンテーター選手権もそうです。本来ならニュースが主役でコメンテーターが脇役なわけです。だけど、コメンテーターの一言を楽しみにニュースを見ている人は多いのです。

だからあえてコメンテーターを主役にすることで、新しいニュースバラエティーに見せる。

以前、「¥マネーの虎」という番組の構成に参加させていただいていましたが、あの企画も、まさにこの理論だと僕は思っている。

「¥マネーの虎」は簡単に言えば、志願者のビジネスアイデアに「虎」と呼ばれる出資者がお金を出すか決める「起業家オーディション番組」です。

オーディション番組と言えば普通はオーディションされる側が主役になる。だけど、あの番組は「¥マネーの虎」というタイトルからわかるように、オーディションする側が主役になっているわけです。

本来だったら選ぶ側、お金を出す側は脇役になるはずなのに、それをメインに持ってくる。これってありそうでなかった。

カレーライスと福神漬けだったら、明らかに起業家志望がカレーライスで、出資者が福神漬けなのに、それを最初から逆で見せる。その福神漬けにクセがありまくりのものを用意することによって福神漬けを主役に見せる。

僕はあの番組での主な仕事として、出場する素人さんとの最終打ち合わせに出ていました。

本番を1週間前に控える素人さんと会って、熱意と、アピールしたいポイントをもう一度整理する。その時に僕は頭の中で考えていました。この人が、今の気持ちをあのクセのある出資者たちに伝えたら、彼らは何と言うか？　と。

あくまでも番組のポイントは、出資者がどんなことを言うか？　お金を出すか？　出さないか？

だから常に、素人さんたちと打ち合わせする中でも、僕の頭の中にあったのは、主役である出資者たちがどう反応するか？（出場する素人さんたちには自分たちが主役であると思ってもらえるように僕は向き合っていましたが）

脇役を主役に見せる。

意外な脇役にスポットライトを当てることで、それはありそうでなかった企画に見えるのです。

贈り物も「企画力」が大切

余談ですが、あの番組が終わってずいぶんたちますが、昨年、うちの子供が生まれた際にあったこと。「¥マネーの虎」を作った日本テレビの栗原甚さんから、出産祝いにと、椅子が贈られてきました。

その椅子は、なんと「¥マネーの虎」でゲットしたお金で立ち上げた家具屋さんが作ったもの。

あの番組でお金をゲットして商売を始めた人が、あれから何年もたち、スタッフである僕の子供に椅子を作ってくれる。

仕事の出来る人は、プレゼント一つに、こういう物語を乗せることが出来るのだ。

check list!

□ 脇役を主役に見せることで見え方が一気に変わる

□ 贈り物にも企画力は試される

新企画5

脚本家トーク
「あのドラマの続きを脚本家が考えてみた」

2012年に発売の『文藝春秋』にて、脚本家の倉本聰さんが寄稿した「頭の中の『北の国から』」は話題を呼びました。これは、名作ドラマ「北の国から」の続き。しかも、完全に作り上げられた話というわけではなく、タイトルにもあるように、倉本聰さんの頭の中にある北の国からの続き。読んでいてとてつもなくドキドキしました。蛍は純の友達、正吉と結婚し、福島で暮らしている。2011年。東日本大震災が起こり、蛍の夫、正吉は行方不明になってしまい……という驚くべき続き。

人気ドラマは放送が終わっても、みんなの心の中に永遠に残ります。お酒を飲みながら「あの続き、どうなったと思う」なんて語り合うのが嫌いな人はいません。

実際の続編は様々な理由で作るのが難しくても、脚本家が妄想し、語るのだったら何も問題はない。そして単純に、それはものすごく聞きたい。

そこで、この企画は、毎回、超人気ドラマを書いた一人の脚本家がゲストとしてやってきて、その人が脚本を書いたあの人気ドラマの続きを、軽い気持ちで、あくまでもスケッチ程度でいいので考えてきてもらい、簡単なメモとともにスタジオで発表してもらうというもの。

脚本家が考えるあのドラマの続きとはいったいどんなものなのか？　さらに、人気ドラマを作るうえでの制作秘話などが語られていきます。

いったいなぜあんなキャラに、あんな展開になったのか？

続きを考えたからこそ、過去の、今まで明かすことのなかったドラマの秘密も語られる。

人気脚本家の作品は一つではないので、いくつものドラマのその後と秘話を聞けることになるのです。

please imagine this!

☆鎌田敏夫をゲストに。「男女7人秋物語」「ニューヨーク恋物語」「29歳のクリスマス」の主人公たちのその後は？

☆野島伸司をゲストに。「101回目のプロポーズ」「ひとつ屋根の下」「未成年」の主人公たちのその後は？

☆宮藤官九郎をゲストに。「あまちゃん」「タイガー&ドラゴン」「木更津キャッツアイ」の主人公たちのその後は？

☆坂元裕二をゲストに。「東京ラブストーリー」「Ｍｏｔｈｅｒ」「それでも、生きてゆく」

の主人公たちのその後は？
☆中園ミホをゲストに。「やまとなでしこ」「ハケンの品格」「ドクターX〜外科医・大門未知子〜」の主人公たちのその後は？
☆君塚良一をゲストに。「踊る大捜査線」「ずっとあなたが好きだった」の主人公たちのその後は？
☆北川悦吏子をゲストに。「ロングバケーション」「ビューティフルライフ」「愛していると言ってくれ」の主人公たちのその後は？
☆三谷幸喜をゲストに。「古畑任三郎」「王様のレストラン」の主人公たちのその後は？

脚本家だからこそ語れる人気ドラマの、もしもの続き。制作秘話。
この番組で、あのころドラマで熱くなった人たちが、また熱くなれる。

企画術

「自分がワクワクするか？」を大切にする

企画を立てる時に大切なことは、まず自分がワクワク出来るかどうかである。

企画を立ててその先の中身を考えて、自分がドキドキするか、ワクワクするか。

もちろん、「そうではない企画」もある。

これを今、視聴者に届けたらいいんじゃないか？　という考え方と作り方でヒットしたものも沢山あると思う。

あなたがワクワクする企画には無限の可能性がある

でも、**自分のワクワクが背骨にあって走り出した時のほうが結果として爆発力がある。**

ヒットではなくホームラン。もちろん、大コケする時もあるのですが。

この企画、「あのドラマの続きを脚本家が考えてみた」もそうで、人気ドラマととともに青春時代を過ごした僕らは、まずワクワク出来る。ドキドキ出来る。

以前、放送した特別番組で「木村拓哉の同学年」という番組があった。

木村君と僕は同い年で１９７２年生まれ。

１９７２年生まれというのは芸能人、著名人がとても多い不思議な世代なので、木村君とは出会った時から同学年意識があった。

１９７２年生まれの人の同学年意識は高く、木村君で単発特番を作る時に、この企画を提案したら、木村君もおもしろがり、作ることになった。

これはとてもワクワクした。だって自分と同学年の人たちしか出ない番組なんてなかったから。

木村拓哉と同じだけ生きてきた人たちが続々出てくる番組は話題を呼んだ。

ちなみに、この時に同学年である品川庄司の品川君も出演し、その後、彼は「アメトーーク！」で「華の47年組」という同学年の芸人ばかり集まる企画をプレゼンし、それもかなり話題になった。

自分がワクワクする企画を作り上げていく時に大切なことは、自分と同じセンスを持ち、一緒にワクワク、ドキドキ出来るパートナーを見つけること。

同じ感覚を共有出来る人を見つける

僕ら放送作家は色んな局で色んな人と仕事をする。一緒に仕事して楽しい人もいるし、しんどい人もいる。

だが「楽しい人」と一緒にやれば企画が当たるわけではない。「しんどい人」とやったほうが当たることもある。

自分が考えたことを一緒に「ワクワク」出来る人はめったに出てこないが、だからこそ出会えたらその縁を大切にしないといけない。

同じワクワクを持てる人とは、たとえどれだけしんどくても、妥協しないで徹底的に話し合うべきだ。そういう人とは、時には大きくぶつかることがあっても、最終的には、また必ず握手出来るから。

ありがたいことに、僕は30代でそういう人が何人か出来た。それは宝です。

同じ感覚で一緒にワクワク出来る相手とは、あえて一緒にしんどい道を歩くことも大事。120％の自分をぶつけていこう。

check list!

□ 自分自身が熱狂出来るかどうかを軽視しない

□ 同じ感覚を持つ人は一緒に仕事するのがしんどくても大切

第2章

「ヒット企画」と「普通の企画」の違い

企画は熱を放ったとき初めてヒットする
受け手が熱狂し興奮するための手法

新企画6

自治体危険シミュレーション「日本は今、あぶない!!」

2011年の東日本大震災。日本人の想像を超えた地震と津波。そして原発事故。あれ以降も、大きな竜巻や、火山の噴火、川の氾濫による堤防の決壊事故。日本では我々の予想をはるかに超えた災害や事故が起きている。

今の日本は、もう何があってもおかしくない。日本で起きなかったはずの自然災害や事故など、1%いや、0・1%以下の可能性しかなかったはずのことが起きている。みんな感じているだろう、「日本ってこんな危険な国だったっけ」

でも、日本はそんな危険な国なのだ。なので、今、日本に住んでいる人は、日本が様々な災害や事故が起きる国であることを理解して住まなければならない。日本という国を、土地をよく理解して付き合わなければいけない。

今の日本では、0・1%のことが起きてしまう。テレビで見ていた世界の衝撃映像がもう日本に起きる時代だ。バッタの大群だって日本を襲うこともあるかもしれない。だって竜巻も起きているのだから。

そこでこの企画は、地盤や地形の研究者、災害の研究者、建築のプロなど、10人ほどの研究者とあらゆるジャンルのプロがチームを作り、毎回、日本の色んな場所を訪れます。

一つの町をチームで徹底的にリサーチし、その後、自治体の人を集めて、この町にどんな災害や事故が起きる可能性があるか、0・1%以上の可能性がある「危険」をシミュレーションし発表、住民に勧告するものです。

please imagine this!

栃木県のある田舎町がこの回の舞台だとします。10人の研究者、その名も「デンジャーシミュレーションチーム」がこの町を訪れて、山や川、都市部、地盤など、1週間にわたってその町をくまなくリサーチ。

1週間後、公民館に自治体の人を集めて、「デンジャーシミュレーションチーム」によるリサーチ結果を発表。

公民館の中に設置された最新のモニターから、シミュレーション映像とともにリサーチ結果が映し出される。

そこで発表されるのは、この町に起こり得る「0・1%以上の危険」。

・町の小学校の裏山に竜巻が起こる可能性が0・5％以上ある。
・役場の下には地震の活断層があるので、町自体が崩壊する可能性が1％以上ある。
・川が氾濫し、堤防が決壊する可能性が0・2％以上ある。
・化学薬品の工場が爆発する可能性が0・8％以上ある。
・山の中を通るトンネルは50年以上たっていて崩壊する可能性が0・3％以上ある。
・谷に架かっている橋が崩れる可能性が0・1％以上ある。
・50キロ離れたところにある原発が爆発し放射能が届く可能性が0・1％以上ある。

0・1％の危険性などは、2011年以前の日本人だったら気にしないかもしれない。だけど今は違う。0・1％のことが起きているのだから。

自治体の人の前で、「デンジャーシミュレーションチーム」は、この町での「危険の可能性」をどんどん発表し、その近くに住んでいる人に勧告をしに行く。

テレビは危険をあおることを嫌う。でも、もうそんなことは言っていられない時代になった。日本の色々な場所での0・1％の危険を勧告し続けることによって、日本という土地をあらためて理解することになり、そして、それが自らの命を救うことになる。

自治体が自分たちの町の予算でやろうとしても無理だろう。これぞ、テレビの力を使った企画となるのです。

企画術

「自分ごと」は興味を引き出すキーワード

リアリティーがなければ誰も興味を持たない

テレビの力を最大限に使う番組が僕は好きだ。たまにテレビで指名手配犯などを公開捜査する番組などをやっている。あのような番組を作るうえで難しいと思うのが、ショーアップしてエンターテイメント化すればするほど、不謹慎だと言われるところ。だが、エンターテイメント化して、一人でも多くの人が見やすく、そして見ることによって新たな情報が集まりやすい状況になるはずです。

なので、この「日本は今、あぶない‼」のような番組も、やるのなら、一人でも多くの人に興味を持ってもらえる作りにしたほうがいいと僕は思う。

危険をあおることと、危険の可能性を提示することは違うと思います。

富士山の爆発など、天災の危険を番組にしたものは数あるが、多くの人が見ている番組は、そこにリアリティーが提示出来ている気がする。

例えば、富士山の爆発を都市伝説的に扱うか、それとも池上彰さんが解説するかで、リアリティーは違い、届く数も変わってくる。

池上さんの解説がわかりやすいからということだけではなく、池上さんという普段はニュースを解説する人が、富士山の爆発を解説するからこそ、急にリアリティーが出るのです。

視聴者に**いかにリアリティーを感じてもらうかはとても大事です。**

0・1%と言われると一瞬、他人事のように感じるかもしれない。だけど、日本で起きている様々な事件・事故が0・1%より低い可能性のものだったと示すことによって、0・1%という数字がよりリアルに感じるのです。

誰しもが自分に身近な「自分ごと」には興味がある

自分に遠いものをどう近く感じさせてあげるかはとても大切で難しい。

話はちょっとそれるが、福山雅治さんが結婚した時に、色んな番組で街頭インタビューをやっていた。そこで沢山の女性が「ショック」と言っていた。それはなぜショックなのか？

福山雅治との恋や結婚が出来る可能性。0・1％、いや、もっと低い。にもかかわらず、その可能性を感じていたのではないだろうか。

それってすごいことだ。**どんなに低くても可能性を感じさせる。**

福山雅治というキャラクターには、その可能性の提示があり、だからこそ、日本中の女性が熱狂しているのだ。

香取慎吾君の「おじゃＭＡＰ‼」という番組がある。

あの番組では、出演者が一般の人の結婚式にサプライズで参加したり、視聴者の人生の節目を応援したりする企画をよくやっていた。

そんな「おじゃＭＡＰ‼」への依頼を視聴者の皆さんに募集していた。

あの募集、毎週、とてもすごい数の応募が来ていました。

結婚式に来てほしい、プロポーズに立ち会ってほしい、友達の誕生日に来てほしい、などなど。

僕が自分の本を出版し、本屋まわりをしていた時のこと。

僕が来ることを知っていた小学生の子供二人が僕を待っていて、手紙を渡してきた。「おじゃMAP‼」でお母さんの誕生日に来てほしいと言うのです。

それを見た時、「おじゃMAP‼」という番組が、うちにも来るかもしれないという「可能性」を提示出来ているのだと思って嬉しかった。

「日本は今、あぶない‼」のように、「危険の可能性」の提示をすることも、また重要で、テレビだからこそ出来ることだと思う。

その時代に合った「可能性」を提示することが企画にとって重要です。

check list!

- □ 人の興味の裏にはリアリティーがある
- □ 身近な可能性を感じさせることで企画が熱を生む

新企画 7

楽曲オーディションバラエティー「あなたの歌を歌わせて!!」

毎週水曜日になるとCDショップに走り、好きなアーティストのCDを買っていたあのころ。今は聴きたい曲があれば、ダウンロード、ストリーミング、YouTube、日本人と音楽の形も大きく変わってきました。

しかし、これほどまでに音楽との触れ合い方が変わってきたのに、テレビの中の音楽番組はさほど形を変えません。変えられていません。

各局、毎週一つはゴールデンタイムで音楽番組をやっていた80年代、90年代。しかし、音楽番組は音楽との触れ合い方が変わっていく中でその変化についていけず、減っていった。

この企画は新たな音楽番組の可能性を提示します。今までの音楽番組の主人公はアーティストでしたが、この番組の主人公は「楽曲」なのです。

一言で言うと、楽曲をオーディションしていく番組なのです。

please imagine this!

まず番組が始まり、一人のアーティストが出てきます。テレビ上はほぼ無名の人。プロ・アマは問いません。仮に、ストリートミュージシャンで知名度はほぼないインディーズアーティストAとしましょう。音楽だけでは食べていけず、バイトが収入のメイン。このAさんが、オリジナルの楽曲を一曲、披露します。

自分のアーティスト人生で作った中で、最も自信のある楽曲。ただし、音源として発売&発表はしていないことが条件。売れてないミュージシャンのAさんが歌うこの楽曲がオーディション対象となっているのです。

審査員は、すでに売れているアイドル、ミュージシャンなど毎回5組。この売れているアイドル&ミュージシャンが審査員となるのです。

Aさんが歌い終わった後に、司会者が審査員に向かって言います。「この楽曲を自分たちの楽曲として買いたい人たち、入札をどうぞ!」と。

Aさんが歌ったオリジナルソングを、自分たちの楽曲として発売したいと思ったアイドル、ミュージシャンは入札します。

もし入札者が現れた場合は、そのAさんが作った楽曲は入札した審査員のものとなり、世に出ていきます。

シングル曲にするのか？　アルバムの曲になるのか？　入札された時点で、Aさんはソングライターとなり、入札した人によって世に出た時には、作詞作曲の印税が入ってくるのです！

このように、この番組は売れることを目指しているインディーズのミュージシャン、楽曲作りには自信のある素人さんたちが、すでに売れているアイドル＆ミュージシャンに自分の楽曲を買ってもらうためにやってくる、楽曲オーディション番組なのです。

プロになりたいけどなれず、バイト生活のミュージシャン希望の男が、いきなり、人気アイドルに楽曲を提供することになったり、自分の楽曲が有名ミュージシャンの声を通してメジャーになったり。そして何より印税が入ってくる。

音楽を通した新しい夢の形。

入札が決まった楽曲は発売するまでにドキュメンタリーとして追跡ロケもできる。

この番組は、音楽番組が減少していく中で、新たな夢を乗せた音楽バラエティーなのです。

思わず「期待してしまう仕組み」を作る

歌番組はずっと冬の時代が続いている。「ミュージックステーション」だけが、ゴールデンタイムで頑張って輝き続けている姿は格好いい。

が、これから新しく歌番組を作ろうとすると、通常の番組では通用しない気がします。

80年代、90年代、00年代中盤くらいまでは、視聴者はアーティストの新曲に興味がありました。100万、200万枚のCDを売るミリオンアーティストが沢山いた時代は、その新曲自体が知りたい情報でした。でも、現在、歌番組で新曲を歌唱して、興味を持たれるアーティストは本当に少ない。

新曲を歌うと毎分視聴率が落ちていくことも多いでしょう。これだとヒット曲もなかなか生まれないし、新人のアーティストもどんどん出てこられなくなる。

テレビで曲を聴かせようとしたら、名曲以外、よほどの興味を持たせないといけません。だから、この企画、「楽曲オーディション」なのです。

この企画は、「もしかしたら、この曲が人気のアイドル、アーティストの新曲になるかもしれない」という期待値と、「楽曲が買われることによって、この新人が、大金を手にするかもしれない」という夢への期待値、二つの期待がかかります。

期待が乗っかる企画は強い

期待したくなる要素が多く、期待値が大きく乗ったコンテンツは強い。

一番わかりやすいのはスポーツです。通常のプロ野球中継は地上波では以前に比べて視聴率が取れなくなりました。が、日本代表の試合とか、世界一になるかもという「期待」をしながら見られる試合になると、野球自体に興味がない人も見ることが出来る。

今、オーディション番組がなかなかヒットしないのも、この期待値がないからだと思います。

僕は「ASAYAN」というオーディション番組を、演出のタカハタ秀太さんに頼まれ、終盤の1年だけやってい

ました。

その時期は、「男子ヴォーカリストオーディション」というものをやっていたころ。ここから「ケミストリー」が誕生するわけですが、その1年は男子ヴォーカリストオーディションを中心に放送していた。

結果、ケミストリーが出てブレイクしていったけど、それは結果論。

普通のオーディション番組ならば、視聴者は1年も待ってくれません。ですが、ASAYANは、「モーニング娘。」というモンスターアイドルを輩出しています。大きな成功例がある。

だから、視聴者は「期待」するわけです。「モーニング娘。」の前例があるから「期待」していいはずだと。

漫才のM－1グランプリも、放送して徐々に数字が上がってきたのは、そこに出たコンビがM－1をきっかけに売れていったからでしょう。

期待の入り口は複数用意するのが効果的

視聴者が「見る」理由を作ってあげるのはとても大変ですが、**どうやって「期待」**

させるかを考えることは大きなヒントになります。

この「楽曲オーディション」には前述したように、無名アーティストの楽曲が、人気アーティストの新曲になるかもという期待値と、その無名アーティストが印税生活を出来るようになるかもしれないという期待値、二つある。こうやって、「期待の入り口」を一つではなく、複数作ることも大切です。**人は期待するのが好きなんです。**

check list!

- □ **企画を作る時、まず「どうやって期待させるか」を考えてみる**
- □ **大きな成功例が見えると期待はさらに大きくなる**
- □ **期待の入り口は複数あったほうが良い**

新企画8

ビジネスマンのチャレンジクイズバラエティー「ビジネスカードゲーム」

会社で働く方々。皆さんは年間に名刺を何枚貰っていますか？　すごい数の名刺を貰っている人も多いはずです。では、沢山の名刺を貰っているあなた。あなたは、その名刺を貰った相手の名前と顔がどのくらい一致しますか??　取引先の偉い人の名前と顔は一致するかもしれません。では、その部下は？　その部下の部下は？　一度しか会ってないけれど、あなたに熱い挨拶とともに名刺を渡してきたあの人は？

もし、あなたが仕事相手から貰った名刺を、その人を目の前にして返さなきゃいけないと言われたら、果たして返せますか??

この企画は、とある会社を訪れて、その会社の部長以上の人にチャレンジしてもらうビジネスチャレンジクイズです。

チャレンジしていただく会社の社長とは収録前に、数回打ち合わせを重ね、社長が試してみたい人をピックアップ。

例えば、社長が試してみたい人が、その会社のA部長だとします。事前に、A部長さんの名刺ホルダーから、名刺を5枚抜き取っておきます。

please imagine this!

番組が司会者とともに突然その会社を訪れます。社長が現れ、いきなりみんなの見ている前でA部長の名前が呼び出される。この時点ですでに収録は始まっている。

収録があることも何も知らないA部長は慌てる。いったい何をさせられるのかと。

すると、部長の目の前に、5人の人が出てきます。服がヒントにならないように、白いパジャマを着た5人の男女。もちろん、それは社内の人間ではなく、A部長が名刺を受け取ったことのある人。

そこで、司会者は部長に5枚の名刺を渡して言います。

「この名刺は社長の許可をもらい、あなたのデスクの名刺ホルダーからこっそりと抜いてきた5枚です。目の前の5人の人たちは、あなたが仕事で出会い、この名刺をあなたに渡した人たちです。なので、今からこの名刺を貰った人に返してください。もちろん、返せますよね」

ここから始まるビジネスカードゲーム。相手の5人は、仕事で絶対会ったことがある人。

仮にそれがテレビ局だとしましょう。出てきた5人は、お世話になっている制作会社の若手社員、Ａ部長がディレクター時代にクビにしたＡＤ、若手の作家、スタジオに毎週弁当を入れている弁当屋の店長、マネージャー。

果たして、Ａ部長は顔と名前を一致させて、名刺を返していけるのか??

全部返せたら、全員笑顔。でも、間違えるととても気まずい。

このゲームの見どころは、名刺を返すという緊張感のあるゲームをしながら、会社のことがよくわかっていくところです。

テレビ局だった場合、テレビ局と制作会社の関係、プロダクションとのパワーバランス、作家とディレクターの関係がわかる。そうすることでどうやって番組を作るのかもわかる。弁当屋さんはテレビ局との契約が決まれば、１回の収録で１００個以上の弁当を配達できるなど、一人一人名刺を返していくことにより、その仕事の意外と知らない部分が見えてくるのです。

もちろん軸は、社長と社員が見ている中で、名刺を返すことが出来るか？　見事返せればビジネスマンとしては優秀。返せなければ、部長以上の職を与えられた人間として、当然、恥ずかしさがある。

ちなみに、チャレンジャーが全問正解すれば、その会社でほしい備品をまとめてプレゼント。

なので、プレッシャーはより大きい。

たかが名刺。されど名刺。そこから見えてくる人間性と仕事。チャレンジクイズバラエティー!!　それが「ビジネスカードゲーム」です。

企画術

「共感」を味方にする方法

この企画は、10年ほど前に思いつき、「名刺ゲーム」という名前で、小説と舞台劇として作りました。が、本当はバラエティーでとてもやってみたい企画の一つ。

僕は人の名前を覚えるのがとても苦手です。

放送作家というのは、色んなテレビ局に出入りするので、沢山の人と会います。でも番組が始まるたびに名刺交換をするので、覚えられなくなってくる。しかも、年を重ねると、さらに名前の覚えが悪くなる。

一度、テレビ局の廊下で、数年前に仕事した人とすれ違った。

相手は笑顔で「お久しぶりです‼」と言ってきたが、僕は相手の名前が出てこない。この時、僕は相手の名前を言わずに、相手に沢山喋らせながら僕の記憶の中にあるパズルのピースを引っ張り出してつなげていくという作戦に出た。結局名前は思い出せなかったが、その場は乗りきれたつもりです。

このことを飲み屋で友達に話したら、「あるある」と盛り上がった。「仕事した人と久しぶりに会って、名前が思い出せない」というのは「あるある」。

「あるある」使用上の注意

企画の背骨に「あるある」があるものは、跳ねやすいと思っている。

見ている人がその一点に共感出来るからだ。

ただし、色んな番組でやっている「あるある」ではダメ。他の番組でもよくやっているものだったら、既視感のあるものにしか映らない。あ～、この「あるある」あったか～！　と思わせることが大事なのだ。

そして、**ポジティブな「あるある」よりも、ネガティブな「あるある」のほうが視聴者はより共感しやすいと思っている。**

ネガティブな「あるある」とは、「失敗」とか「ピンチ」などの状況による「あるある」。

仕事相手の名前が思い出せないことも、ピンチなので、ネガティブな「あるある」の一つ。

「ネガティブあるある」のほうが、視聴者がそれを見た時に、上からの立場で見ることが出来る。**視聴者を上から目線にさせてあげるのは大事なこと。**

そして、この企画には仕事相手の名前を思い出せないという「あるある」だけではなく、もう一つの「あるある」が隠れている。

名刺を渡した側の気持ちだ。

若いころ、名刺を渡したのに名前を覚えてもらえなかった経験、名刺を置いていかれてしまった経験がある人は少なくないはず。名前を覚えてもらえてなかったという悔しさの「あるある」という目線も、人の感情を刺激するポイントになっている。

[近いもの]×[遠いもの]で新鮮さを演出

[仕事で貰った名刺]×[クイズ]。近いものと遠いものを掛ける。これはとても大

切です。皆さんにとって「あるある」と共感する近い距離のモノを、遠くのものとくっつける。「名刺」×「クイズ」がそれ。

とあるフランス料理店で、コースの最後にお茶づけが出てくると聞きました。

有名なフランス料理店でお茶づけですよ。「お茶づけ」というとても近い距離にあるものが、「フレンチ」という敷居が高いところに出てくるギャップ。近いものと遠いものを掛け算する。

フジテレビで「ココリコミラクルタイプ」という番組がありました。

あの番組は視聴者の体験談をコントにする「再現コント番組」でした。今でこそ再現コントとうたっている番組は普通にありますが、「ココリコミラクルタイプ」で再現コントという言葉を使い出したのは間違いないです。

あの番組は、ココリコという演じることが非常に上手

な芸人さんと、役者さんとで、作りもの（コント）番組が出来ないかと、プロデューサーと話し合い、再現コント番組にすると決めたのです。

当初、再現とドラマは「再現ドラマ」になるけど、再現とコントは食い合わせが悪いと、周りの人に結構言われました。

コントの中ではそもそも現実じゃないことが起きる。だから再現コントと名がついた時にどっからどこまでが事実なのか気になるはずだと指摘を沢山受けました。

が、「もしも……」といったありえない状況じゃなくても、現実で起きていることの中でおもしろいことは沢山ある。それを再現コントという形にするのだと決めました。

この場合、「再現」は視聴者にとって「あるある」になってきます。近い距離にあるもの。だけど「コント」は遠いところにある。だから「再現コント」というのは、実は近いものと遠いものを掛けたものなのです。

近いもの同士を掛けても見た感がある、遠いもの同士を掛けると、新しいものは出来るかもしれないけど、視聴者にウケない可能性が高い。

だから、**「近い」と「遠い」の掛け合わせる二つを見つけることは大切なこと**なのです。

check list!

- □「あるある」が企画にとって最大の追い風となる
- □「見たことない」「ネガティブ」な「あるある」はより共感を生む
- □［近いもの］×［遠いもの］は新鮮さを生むのに有効な技

新企画 9

笑える恋愛バラエティー「オタ恋」

テレビ界では定期的に恋愛バラエティーのヒット番組が出てきます。が、恋愛番組の最大の弱点は「恋愛に興味あるかないかがはっきり分かれる」ところです。女性は大好き、一方で男性は恋愛番組に興味がないということが多い。

今はどんな番組でも、何かしらの情報（決して役に立つということだけではない）がのっていないと視聴者も興味を持つ人が少なかったりします。おもしろい恋愛番組を作ったとしても、恋模様がおもしろいだけでは男性をも取り込む大きなヒットには至らなかったりする。

そこでこの「オタ恋」は、女性だけじゃなく男性も取り込むことが出来る、恋愛の中に恋模様だけではなく、様々な形の情報が入ってくる、そんな新しい恋愛番組なのです。

では、この「オタ恋」とはどんな番組か？

一言で言うと、「何かのオタク同士の恋愛番組」なのです。

同じ価値観を持った者同士は、恋愛に落ちやすい。オフ会で会った人たちは強烈に趣味が合う。大きな価値観の一致があるため、恋愛、そして結婚に至ることが多いのです。

同じ趣味を持つというだけで、顔だけでなく、その人間性にひかれるリアリティーがある。

例えば、世の中には車オタクという人たちが沢山います。車の中でもスポーツカー好きの男性と女性。

please
imagine
this!

スポーツカーオタクの男性が5人、女性が5人、最初の会場である、横浜の港に集められます。もちろん、自慢の車に乗って集まる。ここが第一印象。

お互いに第一印象を聞くと、どうでしょう。強烈なスポーツカーオタクなので、ビジュアルよりも、その乗ってきた車に対してお互いの好き嫌いが出てくるはずなのです。

そして近くのカフェに移動して、自由時間開始。男性、女性がともに、話します。

普通の恋愛番組だと、ここでのフリータイムは形式的なもので、恋模様しか見るものがありませんが、オタクたちの場合は車のことで会話が盛り上がります。それもかなりオタクなスポーツカーの会話。

放送上はそんなオタクたちの会話に解説を入れていきます。それにより、自然と車オタクの情報が入ってくるのです。

あくまでもオタクなので、視聴者は、オタクたちの車の愛情表現に笑ってしまうような作りになっています（バカにするのではなく、あくまでも愛情を持って）。

ここが大きなポイントで、通常、恋愛番組を見る時は、出演者に対して「格好いいか？　格好悪いか？　かわいいか？　かわいくないか？」という見方を第一にします。が、この「オタ恋」は、オタクたちの「車へのこだわり」と「恋」に対しての揺れが出てくるため、登場人物のキャラクターでおもしろさが生まれ、男性も興味を持って見ることが出来ます。

本来なら一番美人の女の子がモテるはずなのに、スポーツカーのオタクぶりが合わないと、男性に支持されなかったり。一番ブサイクな男だけど、スポーツカーのオタクぶりに、女性全員が興味津々になってしまったり。通常の恋では起きない「逆転」が起きる可能性があるのです。

1回目の自由時間は終わり、1週間たったら2回目の集合となります。10人全員が集まります。集まる場所は、車オタクの聖地だったり、車好きな人が集まるレストラン。

2回目は各自の恋模様も進展し、視聴者にはオタクのキャラもさらにわかっていきます。この2回目の集合終わりで、各自、現時点で気に入ってる人をみんなの前で発表します。

そしてこの一週間後に最後の集合。3回目の集合となるこの会は、1週間前にみんなの前で気持ちを告白しているので、自由時間はヒリヒリするはずです。もしかしたら好きになった相手のために、魂の車まで変えてくる男性、女性もいるかもしれない。そんなドラマも生まれるかもしれない。

3回目の集合も終わり、車でみんな家に帰ります。10人全員にカメラが張り付きます。

告白タイムは、決まった時間、番組側が女性に渡したスマホに男性全員がLINEを送ります。告白を受けた女性は、その男性にLINEで返事を返します。

果たしてカップルは成立するのか?? 車への気持ち、彼女への気持ち、彼への気持ち。

彼の心は彼女のハートにドリフト駐車することが出来るのか? 車へのプライドと恋心。

笑顔でゴールを飾ることが出来るオタクは誰なのか!?

これが「オタ恋」のスポーツカーオタク編。

他にも様々なオタクたちの恋模様を毎回見せることが出来ます。

AKBオタクの男性と女性。

電車オタクの男性と女性。

美術オタクの男性と女性。

肉オタクの男性と女性。

ネットオタクの男性と女性。

毎回様々なオタクの男性と女性が集まり、オタク魂のプライドを賭けて、恋と戦っていく。

笑えてちょっとタメになってドキドキする。それが「オタ恋」なのです。

企画術

ヒット企画には必ず「今」が存在する

結局、テレビでは「今」が見たい。それはテレビに限らないかもしれない。みんな「今」を知りたくて「今」を感じたい。

だから、**「今」の見せ方がとても大事。**

今、流行ってるものに手を付けても、それがテレビという形になって流れたころには、視聴者にとって、すでに「今」ではなかったりする。

僕ら作り手が想像していた以外のところに、視聴者は「今」を見ていたりする。

知り合いの女性は、あるバラエティー番組出演者のファッションが毎回楽しみだと言っていた。そこに「今」を感じてもらっていたのだけど、正直、スタッフでそこを意識していた人はいなかった。

だから、「今」をどうやって見せるかは難しい。

「今」はどこにあるか

この「オタ恋」というのは、何かのオタクの人たちを恋愛させるフリをして、雑誌やまとめニュースなどでは知ることが出来ない「今」を沢山見せることが出来るのだ。

テレビ朝日で「お試しかっ！」という番組がありました。

居酒屋やファミレスなどで人気メニューのベスト10を当てる「帰れま10」という企画が人気だったのですが、それが初めて放送されたのが2008年。

そもそも、あの企画のきっかけは、僕と「東京ガールズコレクション」を作った社長Oさんが知り合いだったこと。

Oさんとは、Oさんの会社が大きくなる前、社員が5人くらいしかいなかった時からの知り合いだったのですが、数ヶ月に1回、ご飯を食べながら色々な話をする会があったのです。

「テレビの世界は、今こうだ」とか、「ファッションの世界は、今こうだ」とかのムダ話。

あの時、2008年。Oさんは「若い人が夜テレビ見ないで何をしているか?」という調査をしたのです。

調査で1位になったことは何か？　僕は「ネットを見てる」と言いました。するとOさんに「テレビの人はすぐになんでもネットのせいにする」とチクリと言われました。

Oさんは言いました。「正解は居酒屋で友達と飲んで話している……でした」と。

当時は、和民、白木屋など、チェーン店の居酒屋のブームが始まりかけたころ。店内をおしゃれにしたり、ランチを始めるところもあったり、メニューを改良し、とにかく、女性も家族も来やすく改革していた時期。

この結果は僕に「居酒屋が知恵を使って新たなブームを作っているのに、テレビは変わってない」と伝えているかのように思えて、とても悔しかった。

そこで、その日、「お試しかっ！」の会議で「今、居酒屋のブームが来てるらしい」と話した。みんなちょっと笑った。まだ雑誌やテレビで特集されるようなブームではなかったからだ。

僕は「本当にブームが来ているか試す企画を作ろう」と話した。

居酒屋を舞台にした企画。しかも「今回は白木屋です」とか「今回は和民です」とか、店を替えて毎回居酒屋で収録する。

それまでテレビで居酒屋を扱う場合、居酒屋は居酒屋のひとくくり。「今回は和民です」みたいに、店をテーマにして番組を1時間やっちゃう企画はなかった。

だけど、本当にブームが来始めているならば、その店のメニュー名が出ただけで視聴者は「あるある」と「今」を感じるんじゃないか？　と話した。

そこで企画が出来ていった。若手の作家さんが「ベスト10を当てる」というシンプルな企画を出した。シンプルすぎる。

シンプルな企画にはあえて狭さを加える

しかし、シンプルすぎる企画でも、**狭いものを掛け算すると、そこにオリジナリティーが見える。**

「出たものは全部食べる」「全部当てるまで帰れない」という狭い制限が乗っかって、あの企画が出来ていった。

社長Oさんが言った言葉で、悔しい気持ちにならなかったら「帰れま10」が出来ることはなかった。

あの企画は、その時の「今」を見せることが出来たと思う。

自分の業界外の人の話は思わぬ「今」に出会うチャンス

あの時の経験が僕には非常に大きくて、それ以来特にテレビ界以外の人と、より積極的に会って話すようにした。

自分が仕事している人たちとご飯に行ったり飲みに行ったりするのは楽だ。初めて会う人とはパワーを使う。

だけど、自分が今後もあまり一緒に仕事しないであろう職種の人と出会った時には、仲良くなって、ご飯に行ったりして、そこから自分が想像しなかった「今」を知るようにしている。

これからの時代の「今」は意外なところに隠れていたりする。だから難しいし、積極的に色んな人の話を聞かなくてはいけないと思う。

check list!

- □ まだ誰も気づいていない「今」を見せられた時、企画はヒットする
- □ シンプルな企画を斬新に変えるためには「狭いもの掛け算」が有効的
- □ 普段話を聞くことがない人と積極的に話すことはネタ探しの基本

新企画 10

please
imagine
this!

ドラマ「EYE PHONE～脳にWi-Fiが埋め込まれた男」

これはドラマ企画です。

もしもあなたの脳にWi－Fiが埋め込まれ、周りでスマホをしている人たちのLINEやメールなどがすべて見えるようになったら……？　それは幸せなのか？　不幸なのか？


大手自動車メーカーの企画部で働く男、細部一徹（35）。結婚はしているが仕事一筋、会社のために生きているような男。

なんとか出世しようと、仲間たちを蹴落とし、上司が右と言えば左に行きたくとも右に行き、上司が白と言えば黒いものでも白と言い切りながら生きてきた。そんな性格のため、当然部下から好かれてはいない。クールでハートがない人だと思われている。

そんな、一徹がある日、会社の社長に呼ばれて、トップシークレットの業務のオファーを受ける。それは、とある科学者が発明した最先端技術、「EYE　PHONE」。

頭の中にWi－Fiを埋め込むことにより、周りの人がパソコン、スマホでWi－Fiを利用して行った作業を、すべて、キャッチして視覚化出来るというのだ。それが「EYE　PHONE」

つまり社内でWi－Fiを利用して行ったLINE、メールなどはすべてこのEYE　PHONEとなった男の脳を通っていくので、その人は周りの人がどんなLINEやメールを送っているのか、そのすべてを理解することが出来るのだ。自分が「EYE　PHONE」となる。

実はこの会社では最近、開発情報が他社にリークされていた。その犯人を捜すためにも、頭の中にWi－Fiを埋め込み、EYE　PHONEになってほしいと依頼される。

自分の脳にWi－Fiを埋め込む。さすがに自分の体を改造しなければいけないというオファーに拒否したくなる一徹だが、社長自らの願いであり、これが成功すれば出世も考えているると言われ、EYE　PHONEになることに。

手術を受けて、EYE　PHONEになった一徹。自分の意識で脳のWi－Fiのスイッチを入れることが出来る。

科学者と約束したことは一つ。会社以外では絶対にスイッチをONにしないこと。街中でスイッチを入れると大量の情報が頭に一気に流れ込み、脳がこらえきれずに破壊されてしまうことがあると言われる。

社内で、脳のスイッチを入れると、社内でLINE、メールをしている人の情報が一気に自分の頭を通っていき、自分の目で覗いたかのように、その内容が認識されていく。

その日から一徹は意外な社内状況を知っていく。社内恋愛している人、不倫している人、誰と誰が相性が悪いか、課長が好きな部下、嫌いな部下。

社内関係がどんどんわかっていく。自分が知った情報がデータとして保存されているので、毎日、社長にそのデータを提出することになっていた。

その中で、知りたくなかった情報を知る一徹。自分が部下にめちゃくちゃ嫌われていたということだった。部下からは、会社の犬と思われ、ハートのない男と思われ、ちょっと気になっていた年下の女性は自分のことをかなりディスったLINEを同僚に送っていた。

想像していた以上の嫌われぶり。

そんなある日、一人の部下の女性、坂下仁美（28）が仕事中に恋人とLINEしていることをEYE PHONEがキャッチする。

彼氏からのLINEが届いた仁美。彼にフラれたようだ。仁美は彼氏にLINEする。

「このまま生きていても意味がないから、死にます」と。

衝撃の情報をキャッチしてしまった一徹。今までだったら社内の部下の恋愛なんか興味もないが「死にます」というLINEを知ったからには放っておくわけにはいかない。

仕事帰り、仁美を尾行していくと……。心療内科に行き、睡眠薬を貰う仁美。するとまた別の心療内科に行き、睡眠薬を貰っている。大量の睡眠薬を手に入れた彼女。一徹は思う。止めなければと。

仁美は家に帰る前に、バーに寄る。彼と一緒によく来たバーだ。一人思い出して泣く。そこで偶然を装って出会ったフリをする一徹。社内ではちゃんと話したこともない仁美だが、一徹は話しかける。そして、部下などちゃんと誉めたことのない一徹だが、仁美のことを誉め出す。書類のまとめ方がうまいとか、デスクが綺麗とか、ホチキスの使い方がうまいとか、なんとか前向きになってもらおうと、細かいことまで思い出して誉めまくる一徹。

そして最後に「なんで泣いていたのかわからないけど、悲しいことがあった分、仕事でいいことがあるように、一緒に頑張ってみようよ」。

部下にそんなこと言ったこともない一徹。意外な一徹の言葉に、仁美「そういう言葉似合いませんよ――――」と笑顔。

翌日。仁美は会社に来た。そして仁美はＬＩＮＥを打った。彼氏にだ。一徹のＥＹＥ ＰＨＯＮＥはキャッチする。そこには「昨日のＬＩＮＥ、冗談だから。私そんなイタい女じゃないから。お幸せに」と。

一徹は安心する。そして仁美は一徹に言う。「今日のネクタイ、いいですね」と。そして「昨日、誉めてくれたお返しです。仕事、ちょっと頑張ってみますね」。

一徹のおかげで仁美は前を向くことが出来た。

今まで部下などに興味なかったが、ちょっと嬉しい一徹。そんな一徹はEYE　PHONEでまた別の部下の悩みをキャッチして……。

社内で嫌われていた一徹が、部下や周りと向き合い始めて、どんどん人間らしくなっていく。

そして、自分の妻が……まさかの不倫疑惑。街中で絶対にONにしてはいけないと言われたEYE　PHONEを一徹は妻の不倫疑惑を暴くために使ってしまうのだ……。

企画術

企画はタイトルが9割

この企画で一番大事なのは中身よりも、まず「EYE　PHONE」という名前。

商品でも番組でも「ネーミング」というのはとても大事。理想は1回聞いたら忘れ

ないものがいい。

この「ＥＹＥ　ＰＨＯＮＥ」もご存じ「ｉＰｈｏｎｅ」と引っ掛けているわけですが、このタイトル「ＥＹＥ　ＰＨＯＮＥ」がなければ、この企画を作ってない。「Ｗｉ－Ｆｉ　Ｍａｎ」とかでもいいのだが、それだと正直、弱い。

タイトルが企画を作る。タイトルで勝つというものも多くある。

僕は結婚してから妻との日々を書いたエッセイ『ブスの瞳に恋してる』という本を出していて、ありがたいことにドラマにもなった。

もともと結婚前から雑誌『ＰＯＰＥＹＥ』でエッセイを書いていた。その時は自分の生い立ちなどを書いたこともあって、「鈴木《すずき》弥《や》輪店《りんてん》物語」というタイトルだった。実家の自転車屋の名前が「鈴木弥輪店」だったからだ。

タイトルは「ネガティブ×ポジティブ」が基本

でも、結婚してからは妻との日々を書き始めたので、タイトルを変えたいと思い、ふと思いついた『ブスの瞳に恋してる』にした。これはご存知、名曲「君の瞳に恋してる」をモジっているわけだが、当初、エッセイの担当者からは小さな反対をされた。

やはり「ブス」という言葉が強すぎるのではないかと。担当が女性だったこともあり、よりひっかかったのだろう。

だけど、中身はポジティブ。一言で言うと夫婦ののろけエッセイ。中身がハッピーな話だからこそ、タイトルにはちょっとした破壊力が必要だと思った。

「ブス」はネガティブで「瞳に恋してる」はポジティブである。

「ネガティブ×ネガティブ」は嫌な気持ちにしかならないし、「ポジティブ×ポジティブ」はありふれたものになる可能性がある。「ネガティブ×ポジティブ」で、結果**それがポジティブに見えれば、インパクトを与えられるのだと思う。**

略したくなるフレーズを見つけよう

企画のネーミングで、もう一つ気をつけることがある。自分が使いたくなるかどうかだ。

今はそんなルールもなくなってきたが、以前、番組名は4文字に略せるものがヒットすると言われていた。

「スマスマ」しかり「めちゃイケ」しかりだ。

ちなみに『ブスの瞳に恋してる』も「ブス恋」と略せることは大切だと思っていた。略せることって日常で使いやすい、使いたくなるということだと思う。テレビ朝日の「お願い！ランキング」の中で「ちょい足しクッキング」という企画があった。

毎回一つの食料品をピックアップし、そこに「ちょい足し」したらおいしくなる食材を探し出すという企画で、「お願い！ランキング」の看板コーナーでもあった。いまだに「ちょい◯◯」という商品は出ているし、２０１５年には「ちょい呑み」なんてものが流行った。

その言葉をアレンジしやすいことも大切で、**タイトルを付ける時には、日常の飲み会などで、思わず使いたくなるか？　アレンジしてつい使っちゃうか？　なども気をつけていたりする。**

もちろん運とタイミングが大きく左右するのだが、先ほども書いたように、そのタイトルや商品名を付けた時点で勝っているという商品も沢山ある。タイトルや商品名は、その中身をかなりカバーする。

いい商品名で味が70点のカップ麺と、商品名は普通で味が１００点のカップ麺。より多く売れるのは、いい商品名のほうだと思っている。

ドラマや映画なんかを書いていると役名なんかもかなり大事。つい友達の名前や元カノの名前とかが多く出ちゃったりするのですが。

映画「ONE PIECE FILM Z」の脚本を書いていた時、一番の敵役となる元海軍大将Zの名前は結構考えた。

尾田栄一郎さんから、とにかく強そうな敵の名前を考えてくれと言われた。漫画「ONE PIECE」に出てくる敵の名前はインパクト大だ。青キジ、赤犬、黄猿に黒ひげ。

スタッフの一人は「色と動物の名前を入れたほうがインパクトはある」と言ったのだが、僕はZという名前を提案した。そいつに狙われたらとことん追い詰められて逃げ場がなくなるからZ。

Aから始まり最後まで追い詰めるからZ。もちろん劇中でそんなことは説明してないが、「Z」と付けた。そして尾田さんが映画のサブタイトルに「FILM Z」と名付けた時点で、一本の背骨が通った気がした。

ネーミングは中身以上に中身を作る。とても大切だ。

check list!

- □ タイトルは内容以上に企画を作る
- □ ネガティブワード×ポジティブワード＝インパクト
- □ 流行る言葉は思わずアレンジしたくなる言葉

第3章

天才型でなくてもアイデアマンになる方法

新しいアイデアは他人と同じインプットからは生まれない
インプットは質と量どちらも大事。
そして質は意外なところに落ちている

新企画 11

ドラマ「Amazing Application《アメイジングアプリケーション》」

これはオムニバス形式のドラマ企画です。1話15～30分ほどのドラマ。オムニバス形式のドラマだと、「世にも奇妙な物語」を思い浮かべますが、どうしてもそれ以外のオムニバスドラマが当たっていません。

そこで、この企画は、すべてスマホのアプリから始まるSF？　ファンタジー？　ドラマです。毎回主人公のところに、実際にはありえない、あったらいいなと思うようなアプリが勝手に入っているところからスタート。

それを使い始め、人生が変わっていく主人公。そのままうまくいくのか？　痛い目を見るのか？　もしもこんなアプリがあったらと、妄想しながら楽しめる、そしてそこから小さな学びがある、そんなドラマ。

これは新たな「世にも奇妙な物語」であり「笑ゥせぇるすまん」であり「ドラえもん」に

なるでしょう。
具体的な「Amazing Application」の例をいくつか紹介します。

please imagine this!

●カゲグチ検索

会社で課長職についた男性、樋口（35）は、上司にこびることで有名。そんな樋口がスマホを見ると、見覚えのないアプリが。そこには「カゲグチ検索」と書かれている。入れた覚えがない。開くと、「このアプリは、Amazing Application社があなたのためだけに開発したアプリです。もしご使用いただく場合は、このアプリの存在を誰にも言わないこと。言った時点でアプリは消去します。必要ない場合はアンインストールしてください」と出てくる。そしてこの「カゲグチ検索」の利用法を見ると、自分のカゲグチをすべて検索して表示してくれるアプリなのだという。小ばかにしながら自分の名前を入れてみると。なんと社内で、いつ、何時何分、どこで誰が、どんなカゲグチを言ったかが出てくる。それを一つずつチェックしていく樋口。

自分が想像していた以上のカゲグチ。「俺はこんな風に思われていたのか」。何とかカゲグチを減らしたい樋口。今までは上司にただこびる男だったのだが、少しずつ変わっていく。そしてカゲグチも減っていく。が、部下のカゲグチは減るのだが、今度は、カゲグチ検索により、上司が自分のカゲグチを言い始めたことがわかる。

上司にこびて信頼を取り戻すべきか、部下からの好感度を取るべきか。樋口は揺れていく。

●やさしさクーポン

会社で働く独身OL、清美（40歳）。完全に婚期を逃した。20代のころは会社でちやほやされる時期もあったが、今はそれもない。そんな清美のスマホにある日入っていたアプリ。それは「やさしさクーポン」。スマホの中に入っているクーポンには、会社や周りの人の名前がズラリと書いてある。「なにこれ？」と思いながら、年下の男性社員、浅井の名前を押してみると。浅井が近づいてきて、清美に「なんか疲れてます？　ちょっと肩揉みますよ」と肩を揉み出す。小さなやさしさ。そう、これは、「やさしさのクーポン」。その人の名前を押すと、自分に小さなやさしさを見せてくれるのだ。あまりやさしくされることのなかった清美は嬉しい。そんな中、5年前にフラれた元カレから久々に会いたいと電話が。

そしてその彼とヨリを戻すようになる。最初はいい感じだったのだが、また喧嘩が増えるようになり……。すると、スマホの「やさしさクーポン」に、その彼の名前が……。

付き合い始めた彼のやさしさを、クーポンで得るかどうか悩んでいる。が、口論になった時についクーポンのボタンを押してしまう。次の日。彼が謝ってくる。やさしさを見せてくる。

清美は「やさしさクーポン」のおかげだ……と思っていたが、実は……。

●通販Gメン「Yabazon」

パワハラ上司に囲まれて日々働いている若手男性社員、田中のスマホに、知らないアプリが入っている。それは「Ａｍａｚｏｎ」にも似ている「Ｙａｂａｚｏｎ」。そのアプリは、会社の人や友達がＡｍａｚｏｎや通販で何を買ったかの履歴をすべて教えてくれるアプリだったのだ。「上司の山野はこれも買っています」と出て、買ったものをすべて教えてくれる。

上司の山野は、さわやかキャラだが、通販で、イメージとはあわないＡＶを買っていた。

そこで上司・山野の意外な顔を知り、上に立ったような気になる田中。田中は周りの社員の通販履歴を「Ｙａｂａｚｏｎ」で調べると。バイアグラを買いまくってた上司、毛が生える薬を買いまくってた上司、意外なアイドルのグッズを買いまくってた女性上司、その通販履歴から意外な性格がわかってくる。

そんな中、大学時代から付き合っている彼女、真紀からの連絡が減っているのが気になっていた。そこで、田中は、「Ｙａｂａｚｏｎ」で真紀の通販履歴を調べてしまう。すると……。

●食ＭＥＮログ

見事転職に成功して、商社に受かった女性、理恵。現在25歳。なんとかここで彼氏を作って結婚に持ち込みたい。するとある日、スマホに知らないアプリが入っていた。それは「食ＭＥＮログ（ためんろぐ）」。

まるで食べログのように、社内の男の評価が5つ星で書かれている。そこには詳しい性格やＳＥＸの好み、貯金などすべて書かれている。理恵は容姿にも自信がある。社内で食事に誘われる回数も増えてくる。そのたびに、「食MENログ」を見て、行くべきかどうかを決めていた。そんなある日、「食MENログ」で最高得点の男が食事に誘ってきた……。

●**食欲ストライク**

ダイエットに励むモデルの直美。食べるとすぐに太ってしまう。周りのモデル友達はみんな痩せている。それが悔しい。そんな時、スマホに「食欲ストライク」というアプリが入っていた。

それは友達に食欲を起こさせることの出来るアプリだったのだ。痩せている友達、あゆみと合コンに行くが、食欲控え目。あまり食べないあゆみ。そこで「食欲ストライク」を起動。目の前に置いてある食べ物、肉じゃがを写真に写すようにして、それを、指で、ゲームのように、あゆみのほうにはじくと……。あゆみは急に食欲が出て、肉じゃがを激しく食べ出す。このアプリは目の前に食べ物があれば、それに対しての食欲を起こさせることが出来るのだ。

あゆみは、それを使い、女友達をぐいぐい太らせていくのだ。

そんな中、雑誌のモデルの最終オーディションまで残った直美。ライバルは、人気の読者モデル、優。しかも直美は優に男を奪われたことがある。これだけは負けられない。直美は優を食事に誘い、「食欲ストライク」のアプリを起動させる。すると……。

企画術

好みではない映画を積極的に見る

どのように企画を思いつくのですか？　とよく聞かれますが、ある日突然思いつくので、そこに理由はないのです。

ただ、おもしろくないものを見ていると、急にふと思いつくことが多い。

映画でも舞台でも、おもしろいものはただ集中してしまう。

だが、おもしろくない映画や舞台、ライブなどを見ていると、あまり集中出来ない。

そして、目の前に出てきた言葉や状況などが、いきなり頭の中の検索エンジンにかかり、目の前で見ているものとはまったく違う企画を思いついたりする。

だから**仕事の付き合いでどうしても見に行かなきゃいけない時には、急に思いついたことをメモれるように、メモをこっそり持っていきます。**

もちろん、期待しないで見に行ったら超おもしろかったということもあるのだが。

で、先ほど検索エンジンと書いたが、天才型の人はさほど努力しなくても色んなことが閃《ひらめ》くのだろうが、僕はそうではない。

この仕事をして1年目に、先輩に言われたこと、それは「映画を見ろ」でした。僕の働く業界では映画好きが多く、ある程度の映画知識があることは、PCのWordやExcelみたいな基礎能力だと気づきました。

僕は映画がとても好きでしたが、高校生までは、映画館はもちろんレンタルビデオもないような田舎町で育ちました。月に一度遠出して映画を見に行くのがやっと。あとはテレビ放映を待つしかない！

東京に出てきてからよだれを垂らすように見てはいたものの、周りの知識とはかなりの差がありました。

映画鑑賞量は一定数を超えた途端に役立ち始める

だけど、その先輩の一言で、映画をもっと見ようと思い、ビデオも含めて年間365本以上は見るようにしました。

見始めたころ、映画で何かアイデアを思いつこうとしても出来ず。

でも、見続けて3年ほどしたころでしょうか。急に映画で見たワンシーンが頭の中に浮かび、それがきっかけとなり企画を思いついたのです。

そこからは、何かと映画のワンシーンが浮かんでくるようになりました。

これはなぜか？

自分なりの答えですが、映画を見始めの僕の頭の中は、検索エンジンとして情報が詰め込まれてなかった。

だけど3年ほどたち、ある程度情報がたまってきた。

だから、検索機能にワードを入れると、それに近い企画が浮かぶようになったのだと思っています。

自分の脳をいい検索エンジンにするには、やはり情報を入れなきゃいけないし、ある程度色んな情報が入らないと、検索ワードを一つ入れても何も出てこない。

映画選びは他人の趣味で

そして映画を見る時に大切なこと。

自分で選ぶと結局自分の趣味に近いものばかり選んでしまう。なので、周りにいる人の好きな映画ベスト3を

聞いて、それを見るようにする。

そうすると、絶対自分で借りないような作品を教えてくれる人もいて、その中にすごくおもしろいものもあって、趣味が広がるわけです。

そして、何よりその人との会話も弾む。いいことだらけです。

こうやって、**自分で選ばないモノを見て趣味を広げることも、頭の検索エンジンに情報を入れていくうえでとても大切です。**

雑誌は守備範囲外の知識を得るための格好のツール

ちなみに僕は、雑誌を結構読むようにしています。

今、雑誌を読む人はどんどん減っているでしょう。アプリのまとめニュースなんかで情報を頭に入れている人が多いはず。

だけど、ネットで記事を拾うときって、結局、自分が見たいものしか選んでない。

一方で雑誌は、めくっていると、自分がほしくない情報でも目に入ってくる。

そして手が止まる。**自分の守備範囲外のことをいかにキャッチできるようになるかは、とても大切。**それが頭の検索エンジンに蓄積されて、急に何かを思いつくことがあるのです。

この「Amazing Application」も、何かおもしろいアプリはないかなと考えていた時に、頭の中の検索エンジンが、設定や状況、ヒントの欠片《かけら》を引っ張り出してくれたのです。

自分の頭をいい検索エンジンにするのは、天才型じゃなくても努力で出来ることだと僕は思っています。

check list!

- □ **情報が一定量を超えると脳が検索エンジンとして機能し始める**
- □ **自分の好みではなく他人の好みで映画を選ぶ**
- □ **普段手に入らない情報は雑誌から得ることができる**

新企画 12

対決バラエティー
「右利きvs左利き」

世界で一、二を争うサッカープレーヤー「メッシ」と「ロナウド」。イギリスのあるメディアが左利きのメッシと右利きのロナウドの利き足が違うというところをおもしろがり、メッシ率いる左利きチームと、ロナウド率いる右利きチームの現役ベストイレブンを発表したのです。

この対戦が行われることはないと思いますが、世界中のサッカー好きの話題になり、みな妄想したらしい。

世の中では当然右利きが多いわけですが、ダ・ビンチは左利きだったとか、左利きは天才が多いとか、左利きには色々な噂があり、都市伝説もある。

右利きの人からしたら、左利きのほうが天才が多いとか言われると、自分はその候補から外れた感がするし、左利きからしたら左利き優位の情報や噂が流れるのは嬉しいだろう。

そこでこの番組は、超単純。様々な分野で「右利きvs左利き」のバトルをさせて白黒つける番組なのだ。

右利きの人は右利きの人を応援し、左利きの人は左利きの人を応援する。非常に単純ですが、血液型並みに感情移入がしやすいでしょう。

そして様々な対決の中で、右利きと左利きについての科学的な最新情報を入れ込むことも出来る。これまでの様々なデータを入れていくことも出来る。

男性vs女性、よりもさらに気持ちが入り込んで、つい応援したくなるバラエティー、それが、この「右利きvs左利き」なのだ。

please imagine this!

右利きvs左利きの対決例。

★右利きの東大出身者vs左利きの東大出身者の頭脳バトル。

果たして頭脳バトルで勝つのは右利きか？　左利きか？　勉強クイズだけでなく、「なぞなぞ」などにも挑戦。賢いのは？　頭が柔らかいのは？　右利きか？　左利きか？

★右利き芸術家vs左利き芸術家のリレーお絵描きバトル

右利きの芸術家5人と左利きの芸術家5人。一つの絵を5人でリレーしながら描いていくと、いい絵が描けるのは？　右利きか？　左利きか？

右利きの芸術家と左利きの芸術家、右利きであることと左利きであることで、絵の閃きなどは違うのか？　過去の天才芸術家の絵から見たデータも紹介していく。

★右利き料理人vs左利き料理人　料理対決

右利き料理人5人と左利き料理人5人。与えられたテーマで料理を作って、1対1のバトルをしていくと。勝つのは右利きか？　左利きか？　そして右利きの料理人と左利きの料理人のそれぞれの癖はあるのか？　和食、イタリアン、中華で、左利きが多いのはどれか？　などのデータも紹介。

★右利き野球vs左利き野球

全員右利きの野球選手と全員左利きの野球選手の野球対決。過去の名選手たちの右利き・左利きのデータも完全紹介。

★右利き弁護士vs左利き弁護士

スタジオに呼ばれた右利きの弁護士と左利きの弁護士、それぞれ5人ずつが、即興で嘘をつくバトルを繰り広げる。果たして、嘘をつくのがうまいのは右利きか？　左利きか？

このほかにも様々なバトルに右利きvs左利きが挑戦していくことで、やりつくされたバトルもまったく違う気持ちで見えてくる。

それが、右利きvs左利き。僕が今、ずっと「右利き」を先に書いていることに違和感を覚えているあなたは、もしかして「左利き」？

企画術

話をすべきは「普段かかわらない人」

この企画のもとになった、サッカーの右利きvs左利きイレブンの話。

これは僕が本とかネットで見つけたものでもなく、飲んでいる席で知り合いから聞いた話です。もちろん聞いた後にネットで調べたが。これを教えてくれた知り合いは、テレビ関係でもなく、まだブレイクしてない若手芸人さんだ。

最も大事な情報源は「人」

僕の情報源は、テレビ、映画、本、ネットなど様々あるが、**一番大きいのは「人」から聞く話。**

僕は同じフィールドで仕事している人とはあまり飲んだり、ご飯を食べたりはしない。

その代わり仕事では絡めない人と積極的に会うようにしている。**自分のフィールド**

外の人と出会うことで、自分の生活ではキャッチ出来ない情報が沢山入ってくる。

２０１１年に発売した僕の小説『芸人交換日記』。文庫もあわせて19万部のヒットとなり、ウッチャンナンチャンの内村さん監督により２０１３年に「ボクたちの交換日記」のタイトルで映画化もされました。

これは芸歴10年で、腕はあるけど売れない芸人コンビがコンビ同士で突然交換日記を始めるという物語。

意外と知られていない売れてない芸人さんの思いを、様々な感情の色に乗せて書きました。

僕は19歳から放送作家を始めているのですが、30歳の時に、芸人になっていた同じ高校のヤシロという後輩が、「久々に飲みませんか？」と誘ってきたので、飲みに行きました。

仕事で絡まない人との会話は新しい企画に出会うチャンス

それまでは自分のフィールド（同じ業界の近くにいる人）以外とはあまり飲みに行くことはありませんでしたが、放送作家を始めて10年たち、なんかそろそろ自分を変えたい！　と思い、その彼の誘いに乗ったのです。

ヤシロは、自分の芸人仲間を沢山紹介してくれました。みんなそこそこの芸歴なのに売れてはいない。そこから彼らと頻繁に飲むようになりました。

売れている芸人さんと飲みに行くと、仕事の話になることが多い。だけど、まだ売れていない彼らとは仕事の話になることもない。そしてなにより、僕の知らない世界を沢山教えてくれました。

一番教わったのが、売れていない芸人さんの気持ちでした。

売れるために日々もがき、突き進む姿は、とてもおもしろく、そして時に寂しく、悲しい瞬間もある。

彼らと飲むようになってから何年かたち、ある日思ったのです。

売れてないけど、なんとか売れたくてうずうずして、でもうまくいかない彼らの気持ちを物語にできないかと。

売れてない芸人さんの物語はそれまでにもあった。だけど、売れてない芸人さんのリアルな「あるある」が沢山詰まっていて、彼らと何年間も話してきた僕だからこそ書ける話があるんじゃないかと。

そして、その物語を書くことによって、自分の近くにいてくれる売れてない芸人さんへの色んな形の応援にもなったらいいなと思ったのです。

なにが企画の起点になるかわからない

発売してからしばらくして、一人の売れてない芸人さんが僕に言いました。「おさむさんは捨てる肉がないですね」と。

「こんな僕らとしょっちゅう飲みに行って、しょーもない愚痴とか沢山聞いてて、でも、結果それが一冊の物語になるんですから。だから自分の人生の中に捨てる肉がないって感じがするんですよね」と。

僕は30歳の時に後輩のヤシロに誘われて、売れてない芸人さんと飲みに行くようになり、いまだにそれは続いている。

そして、これをきっかけに、自分が足を延ばさないところに足を延ばすようになりました。

むしろ**仕事で絶対絡まないであろう人に会ったりすると、もっと話を聞きたくなり、**

連絡先を積極的に交換するようになりました。

映画を見たり本を読んだりも大切なインプットだとは思いますが、やはりリアルな出会いほどおもしろいものはない。

そして、今日たまたま出会ったその人に興味を持ち、懐に入ると、どんなにネットで探っても知ることの出来ない話を聞くことが出来る。

ネットで見逃している情報もよく入る。

一つ一つの出会いを大切にして、ちょっと勇気を持ってハミ出してみることこそ、自分の経験値を上げて情報ソースを広げる一番の方法だと思います。

check list!

□ **リアルな出会いは何にも勝る情報源**

□ **自分とは違うフィールドの人こそ思わぬネタを持っている**

第4章

大ヒット企画を生むための逆転思考

「ひっかかり」「マイナスの感情」を
うまくコントロール出来たとき、
大ヒット企画は誕生する

新企画 13

アプリ「シェフ★ラブ～私が一流にしてあげる」

これはスマホアプリの企画です。恋愛シミュレーションゲームで、一言で言うと、レストランの若手イケメンシェフと恋をしていく物語。

プレーヤーは、グルメ界に影響力を持っている女性ブロガーという設定。様々なレストランに行き、その感想をブログに書く。

10人の若手イケメンシェフがオープンした店に食べに行くところからゲームは始まる。イタリアン、中華、和食、ピザ屋、ラーメン屋、そこのオーナー兼シェフは全部若きイケメンばかり。自分が最初に「行きつけ」を決める。つまりはどのシェフと恋をしたいか決めるのだ。

自分がグルメブロガーとして、シェフの作った料理を食べた感想をブログに書いたり、シェフにアドバイスしたりして、関係性を深め、その一人と恋に落ちていくのだ。

ゲーム内では、毎日、10軒の店の売り上げが発表されていく。ランキング形式で発表されて、1ヶ月間最下位が続くとその店は閉店してしまう。ゲーム内からいなくなってしまうのだ。だからこそ、自分が恋するシェフには、なんとか頑張ってもらおうとアドバイスしたり、自腹を切って良い食材を買ってあげたりする。そしてそのシェフと恋していくことによって、仕事をもっとやる気にさせていく。

そんなシェフとの恋愛シミュレーションがこのゲーム。ただ恋するだけでなく、自分がゲーム内で書く（という設定の）ブログの内容によって、店の客が増えたり減ったりして、ランキングが変動していく。恋しながらプレーヤーは店を、シェフを応援して育てていくのだ。

そんな恋愛ゲームアプリが「シェフ★ラブ」。

が、ここまでだったら、そのような恋愛ゲームアプリはあるよ！　と言われるかもしれない。このアプリの一番おもしろいところは、ここからなのです！

please imagine this!

プレーヤーである自分と恋に落ちているシェフから、なんと本物の料理が家に届いてしまうのだ。

自分の誕生日に、記念日に、そのシェフが1位になれた記念に、シェフがプレーヤーのためだけに作った（という設定の）料理が、ギフトセットとして届く。

それを家で実際に食べることにより、ゲームの世界と自分の世界がつながっていき、よりゲームの世界に自分が生きている気がしてくるのです。

このゲーム内で登場する他の店の料理も、お金を出して購入することが出来て、ギフトとして家に届くシステムにします。季節ごとに様々な期間限定料理を登場させるのもおもしろいでしょう。

ゲームでシェフと恋するだけでなく、実際に味わうことも出来てしまうこのアプリ。

ゲームとグルメ通販の融合という新たなエンターテイメントになることでしょう！

企画術

エンターテイメントに遠慮は不要

今やスマホは日本人にとって衣食住の次に来るほど欠かせないものになり、そのスマホを使ってのサービスも多様化している。アプリやゲームも大量に作られすぎているので、そこで大ヒットを出したり、目立ったりすることはかなり大変なことだと思う。

サイバーエージェントが作ったゲームで「私のホストちゃん」というものがあった。当時はガラケー利用者も多く、携帯ゲームでヒットし、そのあとスマホ版も出た。

このゲーム「私のホストちゃん」テレビ版を、テレビ朝日の深夜で僕が作ったのだ。歌舞伎町に架空のホストクラブがあり、その店のドキュメンタリーを作ることになったという設定で、ドキュメンタリー風ドラマが放送されていった。深夜2時をまたぐ放送時間だったにもかかわらず視聴率も良く、公式YouTubeでも、1話が100万再生を超えた。

この時はゲームとテレビ番組が連動していた。実際にゲームの中でのホストのランキングが、ドラマと連動していき、ゲームの中で最下位になったホストのキャラクターはドラマでも、3ヶ月でクビになる！　という展開になっていった。

つまり、ゲームを行うユーザーが、ドラマの展開も握っていたのだ。

ゲームの結果をドラマに流し込むことは、スピード勝負で苦労したが、結果、見るだけでなく、参加できるドラマという新しい形が出来たと思っている。

そして、その後この「私のホストちゃん」は、舞台化する。僕は総合プロデューサーとして参加。ａｖｅｘの制作で２０１６年の１月にその第３弾が上演された。

受け手を巻き込み、感情を揺さぶる

この時に、ただホスト役のイケメンを見る物語ではおもしろくないなと思い、新しいシステムを作った。

まず、チケットを買った人が、そのチケット代に応じた「ラブ」なるものをゲット出来て、舞台を見る前に、その「ラブ」を好きなホスト（出演者）にスマホを使って分配することが出来る。

当日も会場でグッズを買うと、そこに「ラブ」が付いている。１幕の終わりの休憩まで投票は出来て、２幕で「ラブ」を獲得したホストのランキングが発表される。

１位になったホストは、物語終盤で主役を演じることが出来る。歌でセンターを取ることが出来る。つまり、お客さんの「ラブ」によって毎日、物語が変わる。

これにはお客さんだけでなく、出演者も日々ドキドキしていた。予想外の人が１位になったり、絶対１位になると思ったキャストが全然１位を取れなかったり。その結果でお客さんも出演者も泣いたり叫んだりした。

しかもたくさんの「ラブ」を投票してくれたお客さんは、終演後、キャストと二人で話すことが出来るなんて仕組みもあったり。見るだけでなく参加する。

一つのゲームから様々な展開を仕掛けることをマルチメディアとか安っぽい言葉で表現する人がいるが、僕は、そのような仕掛けをする時に、**「参加する人の感情をどれだけ大きく揺さぶることが出来るか」が勝負**だと思っています。

遠慮があると中途半端な企画にしかならない

携帯ゲーム内での結果がドラマに関係してくる時に、出演者が「クビ」になることを残酷だと言う人もいた。お客さんが「ラブ」を獲得するために、チケットや様々なグッズを買うことになることを大丈夫かと心配する人もいた。だけど、そこに参加する人は、それも含めて楽しもうと思う人たちなのだから、そこに遠慮があると、中途半端なものにしかならない。

企画を作るうえで、ちょっとした罪悪感を振り切れた時に、今までにないおもしろいものが誕生することがある。

闇雲にモラルに引っ張られるのではなく、そこに参加する人たちの感情を大きく揺さぶってあげることを第一に考えることは、アプリやスマホゲームの大切なポイントなのではないかと思っています。

check list!

- □ 見るだけでなく、参加できる仕掛けを考える
- □ 遠慮やモラルは捨て、参加者の感情をどれだけ揺さぶれるかに集中する
- □ 見たことのないおもしろさは振り切った企画から生まれる

新企画 14

実況ドラマ劇場「リピート」

これは30分のドラマ企画です。

1話15分ほどのドラマが2話入っている。しかも、その回で最初に流れるドラマと、二つ目のドラマは同じもの。一つだけ違うのは、2回目に流れるドラマはドラマの中に「実況」が入っていることです。

ここ最近、テレビドラマは副音声で遊びを入れるものが話題になっています。TBSの「ウロボロス」というドラマは「ウラバラス」というタイトルで、出演者による副音声実況を公開。普通にドラマを見ることも出来ますが、副音声で、出演者の裏話を聞きながら見る。これはネットを中心にかなり話題になりました。

そんな副音声の実況を聞きながらドラマを見せるという手法が流行っている中、この企画はそれを全面に打ち出します。

しかも、副音声の実況ではなく、通常の放送に実況を入れる。また、出演者やスタッフが「素」で実況するのではなく、「役を背負った人物」が実況していくのです。

please imagine this!

その日のドラマのタイトルは「好きなのに、好きだけど」。

大学1年のころから付き合っている二人、正浩と美里の物語。喫茶店で重い空気の中、話をしている二人。別れ話を切り出したのは、美里から。現在、大学4年の二人。

美里は就職が決まっているが、正浩はまだ決まっていない。イライラしている。正浩は「就職することなんか格好悪い」「俺は大学を卒業したら自分探しのために旅に出かける」と腐り始めている。正浩は目を合わせない。あのころは、とても仲の良かった二人。

大学の映画サークルで出会った二人。正浩は監督で美里は出演者としてショートムービーを撮影したり、それが賞を取ったり。楽しい大学生活。未来は明るい。そう信じていた。

正浩は大好きな映画に関わる仕事をしたいと、映画会社を何社も受けるがどこも決まらず。美里は第一志望に決まってしまった。そこから、二人の関係は変わっていった。

美里はその喫茶店で別れを切り出す。夢を追いかける正浩が好きだったのに。今の正浩は夢を見る人を否定するようになったと。美里は泣きながら訴える。

正浩もそこでようやく気づく。自分が一番嫌っていたような人間になっていたことに。

美里は言う。「あれだけ好きだったのに、このままだと嫌いになっちゃう。一度好きになった人を嫌いになりたくない。だから別れたい」。正浩はうなずく。そして約束する。「もう一度、諦めずに映画に関わる仕事を探してみる」と。

正浩はiPhoneを出して、美里の涙を撮影する。そして正浩は言う「今のシーンがこの物語の始まり。俺とお前の終わりで、始まりだから。またいつか」と言って別れていくところで終わる。

これで15分間の物語が終わる。

そして後半は、もう一度放送する。実況付きで。

実況を行うのは、たまたまその喫茶店に居合わせた、美里の元カレ。二股をかけられていた男、昌平だ。15分間のドラマに、元カレであり、二股をかけられていた昌平が実況を付けることで、この15分のドラマがまったく違った物語に見えるのだ。

まず昌平は言う。「さあ、この喫茶店、必ず美里が別れ話をする時に使うんです」と。そこから明かされていくのは純情そうに見えた美里の本当の姿。

大学のサークルのシーンでは、昌平「このころね、実はこの相手役の俳優とも付き合いかけていたらしいですよ」とか、文化祭のシーンでは「この日、この後、僕とデートしてるんですよ。この焼きそば持ってきたもん」とか。

別れ話のシーンでは「彼女は悲しくないのに涙が出せると自慢してましたよ」とか「ほら今、スマホにLINEきましたよね？　この後の男との待ち合わせのLINEですよ」とか。

美里の熱い言葉の後には「僕もこれと同じ言葉言われました」と解説を入れる。

最後に美里が立ち上がるとかわいいブーツを履いていて、「この靴、正浩君と僕、同じものをクリスマスに買っちゃったんです。一足は売ったらしいです。これは……僕のかな」と言って終わる。

このように、毎回最初は15分間のドラマを見せる。15分の恋愛ドラマだったり、仕事のトラブルを解決するドラマだったり、父と娘の物語だったり。

必ず15分で小さな感動とかキュンとするもの。

その後の15分で、そのドラマの役の関係者が実況をつける。元カレ、元カノ、不倫相手、金を貸している友達。

その実況により、最初はちょっと感動したドラマが、もう一度見た時には笑えるドラマに変わるのです。

それがこの新しいドラマ、「リピート」なのです。

企画術

あえて「ひっかかり」を作る

この「リピート」は「ひっかかる」ものとなるでしょう。

「ひっかかる」というのは、「気になる」と「鼻につく」の二つを持っています。企画が立ちすぎていることで、気になる人もいれば、鼻につく人もいる。

番組でも商品でもどんなものでも「ひっかかること」は大事である。

「ひっかかる」をポジティブに言うと「気になる」、そしてネガティブに言うと「鼻につく」だと思う。

「鼻につく」＞「記憶に残らない」

鼻につくことは良くないことかもしれないが、鼻につかずに、記憶にも残らずに流れていくことより僕はいいことだと思っている。

物を作っていく時に、この「ひっかかり」を作れるかどうかはとても大切なことです。

世の中がガラケーからスマホに流れ出した時に、サイバーエージェントは一気にスマホのサービスを作り出し、「Ａｍｅｂａスマホ」キャンペーンを行った。

藤田晋《すすむ》社長から、そのサービスが動き出す前に、「Ａｍｅｂａスマホ」キャンペーンの仕事のお話をいただいた。

メインはテレビＣＭ。かなり勝負をかけるので、お金のかかるビッグなタレントさんで考えてもらっても構わないと言われた。

僕は色々考えて、サイバーエージェントの女性社員が出るＣＭを考えた。

それ以前にテレビ企画も含めてサイバーエージェントの方々とお仕事をさせていただく機会が多く、優秀な女性社員が多い会社だなと思っていた。しかも20代でプロデューサーを名乗り、仕事をしている女性が多かった。テレビだと5～6年ＡＤを行い、ディレクターになれるのは30歳近く。

だけど、サイバーエージェントでは、大学出て2年くらいの女性が、実力で自分の企画を通して、プロデューサーをしている。丁度、雑誌でサイバーエージェントの美人社員特集なんかが組まれ始めているころ。

僕はビッグなタレントではなく、スマホサービスの女性プロデューサーを沢山ＣＭ

に出す企画を提案して、藤田社長はその冒険的なアイデアに乗ってくれた。

　ＣＭは、女性プロデューサーが自身のスマホサービスについて、カジュアルに紹介するというもの。

　大量出稿されているＣＭに、女性社員が出ているだけで「ひっかかる」ものだが、その女性社員に投げる質問や、雰囲気などは、わざと、「よりひっかかる感じ」を残した。

　気になることと鼻につくことは紙一重。おもしろいことと鼻につくことも紙一重。

仮に半分は鼻についたとしても、あと半分がおもしろいと思ってくれれば、それは大きなインパクトを残すものだと思っている。

　そしてＣＭ内では、わざと、その女性たちの年齢を入れた。

　20代でプロデューサー。それは夢になる。女子高生や女子大生が卒業してすぐ、20代でプロデューサーになれるんだと思ってもらうためである。「私もサイバーエー

ジェントに入りたい」。そう思ってもらうため。

CMは完成し、大量に流れた。僕の思った通り、多くの人に「ひっかかった」。気になる人も、おもしろいと思う人も、そして鼻につく人もいたようだ。だから僕は成功したと思っている。


鼻につくところから離れたモノづくりをしていくと、それはどんどん普通のものになっていく。

「予定調和」を排除する

もう一つ、「鼻につく」という表現をしていいかわからないが、笑福亭鶴瓶さんのTBS「A-Studio」という番組。番組の最後には、毎回、鶴瓶さんが一人、ピンスポを浴びて、その日のゲストのことを語るという演出。あの最後の一人喋りは、僕が提案したものだった。

どうやら、あの最後の一人喋りを「いらないのでは?」という人もいるようだ。それを言っている人の気持ちもわかる。

だが、あれがなかったらどうだろう?

すごく普通に見える可能性もある。最後にあれがあるからイメージとして「ひっかかる」のではないかと思っている。そして何より出てくれたゲストが、あそこがあるから「気持ちいい」と感じてくれることが多いはずだ。

番組の基本として、視聴者よりも、まずその日、出てくれたゲストが「気持ち良かった」と思ってくれることは大切なことだと思っている。その本音の思いは絶対に画面を通して届くからである。

だから思う。あらためて、「ひっかかる」ことは大切だ。

check list!

- □「鼻につく」は企画を立たせる必要悪
- □「無難」と「予定調和」を排除することが強い企画を生む

新企画 15

我が家の教育バラエティー「私が子供を殴った時」

皆さんは、昔、父親か母親に顔を殴られたことありますか？　ビンタされたことありますか？　あるとしたら、殴られた理由はなんですか？

本屋さんに行くと育児本は溢れ、ネットを開けば、教育に関する情報は溢れています。育児や教育にまつわる科学的な情報を発信している本は沢山ありますが、結局、そのような本には書かれていない精神的な教育論を知りたかったりする。

特に、叱らない親、叱れない親が増え、叱ることで悩んでいる親も増えているはず。叱り方、怒り方などを書いている本などもありますが、皆、そこには本当の正解はないと感じているはずです。

そこでこの番組「私が子供を殴った時」は、親が悩む子供に対する教育、「叱る」ことを父親芸能人が見せていく番組です。

子供を怒ること叱ること、そして顔や体を殴ることとは、愛を持ってやっていても、体罰やDVと言われてしまいがちな世の中。

でも、実際に、愛を持って子供のことを叱り、顔を殴った経験のある親は結構います。

そこでこの番組は、ある意味「教育」のうえで一番人に言いにくいであろうこと、「子供を殴ったこと」を軸に、「叱り方」から見える父親論、育児論、親子論を語っていく番組なのです。

とてもいい父親のイメージもある男性芸能人Sさんに僕は聞きました。「子供を殴ったことはありますか?」子供は中学生。最初は僕の質問に対して「え!?」と驚いていましたが、ゆっくりと語り始めました。「中学生の子供を一度殴った」と。理由は家出。家出が直接の理由ではなく、家に戻ってきた後に、心配していたお母さんに生意気な口を利いたのが許せなかったらしいのです。

作家業もやっていて有名な男性芸能人も言いました。息子が小学生の時に2回殴ったことがある。それはお母さんにバカと言った時と、信号を無視して渡ってひかれそうになった時だと。

そして、そのことを聞いていくと、普段はあまり言わない自分の教育論、父親論、そして自分が育ってきた環境まで語り始めたのです。

please imagine this!

スタジオには、子供が高校生以上になった男性芸能人5人「教えるパパ」と、子供が小学生以下の男性芸能人5人「教わるパパ」がいます。

教えるパパたちに司会者が聞きます。子供を殴ったことが何回ありますか？

そこでまず回数を発表。A「2回です」B「1回です」C「2回です」……。

その後に、「教えるパパ」が書いた折れ線グラフが出てくる。それは「叱ったグラフ」。

子供の年齢とともに、叱った時と、その叱った度数をマックス100で表していきます。

そして殴ったところには☆マークがついています。

そこから語っていくのです。なぜこのとき叱ったのか？　そして子供を殴るに至ったのか??

叱るのにも、殴るのにも、そこに至る理由があり、そして、その後には子供との距離が縮まった物語があるのです。

子供を殴るという非常に言いにくい話をしながら、その先に生まれた家族の愛ある話を聞ける番組なのです。

それが、育児本、教育本では知ることが出来ない本当の教育バラエティー「我が家の教育バラエティー『私が子供を殴った時』」です。

企画術

急所を狙う

人の急所こそキラーコンテンツになる

人に言いにくいこと、人に聞きにくいことというのは、当然ながら他人は興味があるわけです。

例えば、SEXの初体験や給料は、その人自体に興味がなくても、目の前で言われたら興味が湧きます。

自分が生きてきた中で、**人に言いたくないこと、聞かれたくないことには、大きなヒントがある**のです。

そのどこをピックアップするかが大切です。

僕は小学校6年の時に父親に一度殴られたことがあります。

夏の夜、友達と一緒に花火をしに海に行きました。するとバイクに乗った父が心配で見に来たのです。今思えば心配してくれてありがとうなのですが、そのころ、小学6年生、自分の父親だけ心配して見に来たことが恥ずかしく、父に「帰れよ！」と言ってしまったのです。

家に帰ると父が見たこともない顔で怒っていました。そして「ここに座りなさい」と言われ、頬を叩かれました。父からビンタされたのはあの1回だけ。

そして、父親になった今。息子を見て思うのです。将来、この子の顔を叩く時が来るのだろうかと。

父親になることを意識し始めたころ、周りの父親業の先輩である芸人さんやタレントさんに聞いて回ったのです。

「子供にビンタしたことありますか？」と。

最初はみんな、ドキッとした顔をするのですが、話し始めると熱くなります。そして聞いていると、普段その人が見せない父親としての顔が見えたのです。

自ら自分の子供を殴った話をする人はいないでしょう。自慢げに話す人がいたとしたら、それはヤバいやつです。

愛があっても正義があっても、自分の子供を殴った話は人に言いにくいはずです。だけど、語り始めると、普段見せない顔を見せてくれるのです。

最終的に皆ハッピーになることが企画の肝

ここがとても大事なポイントで、**入り口は「自分から人に言いたい話ではない」のに、話していくうちに、そこに自分の正義と愛があるので、より語りたくなるところ。**

例えば、初体験の年齢、現在の年収など、聞いたら驚くけど、言ったほうはその先に気持ち良さはない。カミングアウトという事実しかない。

だけど、「子供を殴った話」は、そこに正義と愛があることが大切ですが、話した後は多分、ちょっとした気持ち良さがある。

結果、視聴者も今まで聞けなかった話を聞けて、出演した人も気持ち良くなる。これが大事なのです。**入り口はマイナスに見えるけど、出口がプラスになっている。**

入り口に毒があるけど、食べてみたらそれは毒じゃなくビタミン剤だったみたいな。

自分が言いにくいこと、語りにくいこと。だけど、

語ってみたら、その先にちょっとした気持ち良さがある。

人が「嫉妬した瞬間」はおもしろい

僕は、テレビにまつわることを書いたエッセイ本『テレビのなみだ』で「嫉妬年表を書こう」という提案をしました。

自分の人生で嫉妬した人を年表にして書いていこうという提案です。

僕は以前から、作り手の人に「人生で嫉妬した人」を聞くのが好きです。

「嫌いな人」はもちろん教えてくれないし、言った先に気持ち良さがない。だけど「嫉妬した人」って、あまり言いたくはないけど、言った先に、なぜその時嫉妬したのか？　を語り始めると、そこに自分の美学があって、気づくと熱く語っている。

試しに飲み会で、友達や上司に聞いてみてください。

「今まで一番嫉妬した人って誰？」

この時、まず自分が嫉妬した人を言うことが大切です。すると相手も初恋の人を告白するかのように、語り始め、その人の意外な面が出てきて、とても盛り上がります。

これも、入り口はマイナスだけど、出口にプラスがある。

ちなみに、いつか「嫉妬」にまつわるバラエティーを作りたい！　と思っていたら、2015年の年末、一流の人が今まで誰に嫉妬したかを発表する番組が作られていた(笑)。

あらためて、思う。**一つのいいアイデアが閃くのは自分だけではない。だから思いついてから実行するまでのスピードも大切。**

check list!

□ 人が隠したいことこそ魅力的なコンテンツになる

□ 最終的に皆をハッピーにすることが企画のポイント

新企画 16

こんな旅はいかがですか？「忍者旅！誰かに見つかったら1万円」

これはテレビ界でやり尽くされたであろう旅番組の新たな形です。芸能人が毎回一人で忍者の格好で、名所を旅するのです。しかし、他の旅番組と大きく違うところがあります。それは、旅している姿を誰かに見られてはいけないのです。

芸能人だと気づかれてはいけない！　とかではなく、絶対に人の目に入ってはいけない。誰の視界にも入ってはいけない。そんな旅番組、きっとなかった。

チャレンジする芸能人は、旅先で誰か一人の視界に入るたびに、自腹で1万円払わなければいけない。それがこの、忍者旅なのです。

忍者だけに、この旅番組は、外国人の支持も受けていくことでしょう。

please imagine this!

一人の芸能人に指令が下される。「誰にも見つからずに京都の名所を旅したまえ」と。その芸能人に渡される忍者の衣装。この「見つからず」とは、誰かに見られてはいけない、視界に入ってはいけないということなのだ。忍者は見つかってはならないから。

指令の中で、行って写真を撮影してこなければならない3ヶ所のポイントを指定される。

この回の忍者旅の場所は京都。指定ポイントは3つ。

①清水寺の舞台を格好良くスマホで撮影せよ
②宇治の綺麗な桜の絶景をスマホで撮影せよ
③京都の神秘的な仏像をスマホで撮影せよ

3つとも、夜に行くのはNGという厳しいルールもある。

この3ヶ所。チャレンジする芸能人は、事前に、各場所に何時くらいに人がいないか徹底的にリサーチする。

まず最初に、①の清水寺に行く。チャレンジャー芸能人はスタッフの運転した車に乗っていき、近くで降りたところからゲームスタート。

朝6時。陽が出たばかりの清水寺。誰もいないところを見計らって入っていき、忍者のように隠れて隠れて、ちょろちょろと通る人の視界に入らないように隠れまくって、時には走って滑り込んで、清水寺の舞台の全景が見えるところまで走っていく。

もし、誰かの視界に入ったり、見つかったりしたら、その場で自腹金1万円を払っていく。ルールとして、自腹金トータル10万円払ったら旅は強制終了となる。

そして、なんとか人の視界に入らず見つからず、清水寺の舞台が見えるところを探し出し、スマホで写真を撮影したらミッション1、成功となる。

ミッション2となる宇治の桜は、ほぼ人が通らない山の中を走って、道なき道を通って、人気の桜スポットまで辿り着き、人だかりから遠目のところで林に隠れて桜を撮影してミッション成功。

ミッション3は、実は全国には住職のいない無住寺というものがいくつもある。そこで、無住寺で仏像があるところを探し出し、誰にも見つからずにミステリアスな無住寺の仏像を撮影する。

ミッションを一つクリアするごとに、チャレンジャー芸能人には、京都の贅沢グルメなどのご褒美。すべてクリアしたら賞金をゲット！

この旅のおもしろいところは、「誰にも見つからない」「視界に入らない」というルールを守るために、まず人気スポットの空いてる時間を調べなければならないこと。これが視聴者にとっては、旅の名所が混雑しない時間の情報になり、人で混み合うはずの桜の時期でも、人の少ない桜スポットの紹介となり、意外と知らないミステリアスな無住寺情報の紹介となる。

人に見られてはいけない忍者として旅することによって、他の旅番組では紹介しない情報を紹介でき、ゲームという緊張感が保ち続けられるのだ。

北陸新幹線が開通して人気の金沢を忍者旅したら？　夏の北海道を忍者旅したら？　人気

の温泉地を忍者旅したら？
旅番組が飽和している中、この忍者旅は、新たな旅番組の提案となるでしょう。

企画術

見慣れたものを感動に変える技

壮大ではないからこそドラマが生まれる。小さなところに目を向けるとロマンがある。

この「忍者旅」は、人の視界に入ってはいけないというルールによってドラマが生まれる。

僕はテレビ朝日の「いきなり！黄金伝説。」という番組に開始した当初から携わっている。

芸人さんや出演者が体を張って色々なことにチャレンジするのだが、自分が発案した企画の中でとても好きなものがある。

それは、「鶏が産んだ卵だけで生活する男」という企画と、もう一つは「桜前線を追いかける男」という企画。

ドラマ一つで見慣れたものが鮮やかに変わる

まず「鶏が産んだ卵だけで生活する男」は、ココリコ田中さんが部屋に閉じ込められて、部屋の中にいる鶏が産んだ卵だけ食べて1週間近く生活するという企画。

過酷であまりにもくだらないこの企画だったが、田中さんと鶏の間に様々なドラマが生まれた。そして見た後には、普通に食べている卵1個にも感謝したくなったりする。なんであんなことを思いついたのかわからないが、まさに卵が産まれるように急に思いついた企画だ。

そして「桜前線を追いかける男」というのは、若手芸人さんが、九州地方から桜前線と一緒に自転車をこいで日本を縦断するという企画。

綺麗な桜を見せる企画などいくらでもあるが、桜前線を自転車で追いかけるという一見バカバカしい企画によって、違った目線で日本を見せることが出来たと思っている。

この二つとも、見慣れたものにドラマが乗せられている。

「鶏が卵を産む」という誰もが知っていることだけど、その瞬間にだけ期待して日々生活するというドラマ。

「桜前線」は春になるとニュースでしょっちゅう聞く言葉だけど、それを追いかけなければいけないというドラマ。

普段目にするものに、ドラマを乗せると、それがロマンになる。だからこそ、普段、見慣れたものに、別の角度からドラマを乗せてみよう。

毎日使っているトイレは？　ウォシュレットは？　皆さんの近所に咲いている花は？　景色は？　今日のランチで食べたおにぎりは？

あなたはここにどんな角度でどんなドラマを乗せることが出来ますか？

人に話したくなるネタを探しながら旅をしてみる

ここで一つ余談だが、折角旅の企画になったところで。

僕は夫婦でも一人でも、色んなところに旅をしてるほうだと思う。エジプト、マチュピチュ、アフリカ、タイの首長族の村（あくまでもプライベートで行った）に、メキシコのマヤ遺跡、イスラエル。イギリスの大英博物館には春画展を見たくて一泊三日で行った。

が、ハワイには行ったことがない。行ったらハマるとみんな言う。

行ってみたらそうなるかもしれないのだが、興味をそそられないのだ。

ゆっくりしたいならば日本でいいじゃないかと、どうせ旅に行くなら刺激がほしいと思ってしまう。50代になったら変わってくるのかもしれないが、沢山の人が普通に行ける場所にはあまり興味がない。

僕は旅行とは「行って楽しんで、人に話したところまでが旅行」だと思っている。だから、ハワイに行っても、帰ってきて人に話すことはないのではないかと思ってしまうのだ。

なんかそれってテレビと似ている。ハワイの旅行ものって、なかなか映像にするのが難しい。秘境のほうが作りやすい。

それって疲れないですか？　と言われることもあるけど、全然疲れない。

だって、旅行から帰ってきて、人に話すとそれでまた楽しんでくれる。それがまた楽しいのだから。

check list!

□ ありふれたことにドラマを乗せると思わぬ感動が生まれる

□ 人に話したくなるエピソードを探しながら生活してみる

新企画 17

今夜あなたが編成部！「継続？打ち切り？キャラ×ビジジャッジ！」

80年代90年代、日本のテレビ界では芸人さんたちがスタジオで作り上げたコントを放送する番組が多々ありました。そこから人気キャラが生まれて、ブームになったり流行語になったり、CDやグッズが大ヒットしたりしました。

2010年代、コント番組が作られることはあっても、地上波のゴールデンで大ヒットとまでは至ってないのが現実。もはやおもしろいコントを作っているだけでは、以前のように沢山の視聴者は見てくれないのかもしれない。特にゴールデンタイムでは。

そこでこの企画は、視聴者が「編成部」となり、芸人さんがスタジオで収録してきたキャラクターコントを見て、ジャッジしていく番組です。

編成部とは、簡単に言うとテレビ局でその番組を継続させるか打ち切りにするか決定するところです。視聴率が落ちてきた番組は、編成部で会議を行い、終了か否かを決めるのです。

この番組は、枠自体は生放送で行います。毎回、5～8組の芸人さんが事前収録してきたキャラクターコントを番組内で見せていきます。

そのコントは、芸人さんの持ちネタではなく、テレビ局のスタッフと一緒に芸人さんが考えて台本を作り、キャラを作り、スタジオにコントセットを建てて撮影してきたもの。すべて、「人気が出そうなキャラクターコント」と限定します。「あるある」なキャラでもいいし、絶対いなさそうなＳＦキャラでもいい。そこは自由。

1本のコントの放送尺は4分以内。

please imagine this!

ある人気芸人Ａさんが考えてきたキャラクターコントが「院巣太夫（インスタオ）と津痛子（ツイタコ）」というカップルのコントだったとします。何かとポジティブでハッピーなことばかり言う院巣太夫（インスタオ）と、やたらとネガティブで毒を吐く津痛子（ツイタコ）はカップル。InstagramとTwitterを擬人化したようなキャラの二人は毎回、街中にあるもの（道ばたに咲く花とか）を見つけ写真を撮るが、ポジティブとネガティブで意見が合わず喧嘩になり始める……というキャラコント。

このコントを生放送の枠で放送。司会者は視聴者に言います。「さあ、皆さんが編成部！　お手元のテレビのリモコンのＤボタンでジャッジしてください！　このキャラコントを継続したいと思えば青、今週で打ち切りと思えば赤」。そして視聴者は生放送でのリアルジャッジ。

継続が半数を超えれば次回以降も、このキャラコントは放送されていきます。

しかし、打ち切りのジャッジが出れば、その週で打ち切りとなり、終わっていきます。

このように、芸人さんのキャラクターコントを楽しむだけじゃなく、自分が編成部となり、続けるべきか？　終わらせるべきか？　というジャッジをしながら見ることが出来るのです。

テレビのスタジオにいる芸能人が審査員ではなく、視聴者がジャッジする。

継続が出続ける限り、放送され、そして放送した数だけ人気になっていくでしょう！

この番組のもう一つの見どころは、キャラクタービジネスです。

スタジオには、様々なグッズ販売に関わる人たちが来ています。継続が決まったキャラに関して、もう一つジャッジがあるのです。司会者は言います。「スタジオにいるキャラビジ（キャラクタービジネス）バイヤーさん。このキャラを自分の会社のビジネスに利用したいと思う方はボタンを押してください」

そのキャラを自分の会社の商品として販売したいという人はそこで申し入れていくのです。

フィギュア、コンビニの弁当、洋服、本、お菓子のパッケージ、アプリなど、様々。

申し入れがあった場合は、そこからキャラクタービジネスも動き出し、商品化するまでのドキュメンタリーも放送していきます。

この企画は、今はゴールデンでほぼ放送されなくなったコント番組に、いくつかの見方を加えることで、コントのおもしろさを伝えていく。そんな番組なのです。

企画術

二つ以上の見方を用意する

一つの企画で何種類かの見方をさせてあげるのは大事なことです。

グレーのものを、白と見る人もいれば、黒と見る人もいる。

この「あなたが編成部！『継続？ 打ち切り？ キャラ×ビジジャッジ！』」も、コントを純粋に楽しみたい人と、審査員目線で見たい人、キャラクタービジネスのドキュメントを

見たい人……少なくとも3種類の見方が出来るようにしています。

コントという1種類の見方だけではゴールデンで通用しないのであれば、そこに見方を加えていく。

テレビ朝日の「Qさま!!」という番組の中で、「プレッシャーSTUDY」というクイズがあります。

インテリ芸能人が円卓のような解答台に座り問題を解いていくという企画で、1個のテーマに10の問題があり、自分で自信がある問題を指定して解いていく。

あの企画が始まる前までは、「Qさま!!」は、芸人さんが体を張って様々なことに挑戦し、その様子をスタジオでクイズにして出すという番組でした。

が、ゴールデンに進出してから思うように視聴率が伸びず、思い切ってスタジオのクイズ番組にしよう！　ということになりました。

1個のテーマで10の問題があり、円卓に座って解くといううっすらしたイメージが僕の中にはあり、それをテレビ朝日のスタッフさんが数百時間シミュレーションを重ねて、見事なクイズ企画に固めていきました。

最初クイズに挑戦していたのは、インテリ芸能人ではなく、おバカ芸能人でした。

というのも当時は「クイズ！ヘキサゴン」が大ヒット。おバカキャラがブレイクを始めていました。

そのため、うちもおバカキャラで！　ということで始まったのですが、中々ブレイクしない。

始まって数週たち、現在も番組によく出演していただいているある方が言ったのです。

「このクイズの形式では、視聴者はおバカじゃなくて頭のいい人がどんどん解いてるほうを見たいのではないか？」「解答者が出来ずに詰まるたびにイライラするんだよね」と。

その言葉を受けて、思い切ってインテリタレントが挑戦する企画になりました。それと同時に出題する問題も変わっていきます。

おバカキャラが解く問題は視聴者も上から目線で見られる問題。

「こんな問題わからないのかよ」という簡単な問題でしたが、インテリが答えるとなると、難しい問題になる。そうなると見ている視聴者の中には難しくてわからないという人も出てくる。

だけど、振り切った結果、視聴率は上がっていきました。

2種類の見方が出来ればウケる層は広がる

クイズにインテリ芸能人がチャレンジすることによって、この番組は2種類の見方が出来るようになりました。

一つは、インテリ芸能人に出される難易度の高いクイズに答え優越感を得るという見方。

もう一つは、出題される問題はまったくわからないけれど、それに答える芸能人のインテリぶりを楽しむという見方。「すごいね、この人たちは」というショーを見る感覚。

この2種類の見方が出来ることにより、番組はより広い層の人たちに受け入れられたのではないかと思っています。

データには出ない可能性を信じる

ちなみにですが、このインテリ芸能人の「プレッシャーSTUDY」にしてからも、しばらく視聴率は上がらなかった。

テレビ番組は1分ごとの視聴率が記された毎分視聴率というグラフが翌日に出るのですが、その「毎分視聴率」もなかなか上がっていかない。

しかし、プロデューサーが「企画は良いから信じよう！」と毎分視聴率には見えない、その先の可能性を信じて我慢強く続けました。

日々、出てくる毎分視聴率だけに頼ってしまうプロデューサーもいますが、データには出ない可能性を見抜けるかどうかがプロデューサーにとって大切な能力のような気がします。

check list!

- □ 企画に複数の見方を用意することでより多くの人に届ける
- □ データには表れない未来の可能性を見極める

第5章

アイデアよりも大切な「実現力」の伸ばし方

アイデアは企画化し、
実現して初めて価値を生む
そのためには「バカ」と「根性」が必要

新テスト受験バラエティー
「先生、テスト受けてください」

私、鈴木おさむが、とある雑誌に書いた、母親の思い出のエッセイが、なんと中学受験の国語の問題に使用されたのです。

自分の文章が国語の、しかも受験の問題になるなんて、とてもとても嬉しかった。人の人生の分岐点となる受験のテストに出るなんて。

後日、事務所経由で問題が届いた。確かに、僕の書いたエッセイの一部が掲載されている。最初に「次の文章を読んで、後の問いに答えなさい」と書いてある。うわ、受験だ。

僕の書いたエッセイの途中途中に線が引かれている。そして文章が終わり、出題。全部で5問。その時に思った。「自分で解いてみよう」と。ちょっとドキドキしたが、一問ずつ解いていく。

3つ目の問題。僕は高校時代にサッカー部に入っていたのだが、最後の試合が終わった後、他の3年生が泣いていたのに、僕だけ泣けずに、安心していた、という部分。「安心していた理由は何か？」というのが4択になっていた。僕は一つ選んだ。そして答えを見た。なんと間違っていた。

僕が作者なのに、答えを間違えていた。そのことをあるテレビ局のAさんに教えた。問題も見せた。するとAさん、問題を解き始めて、答えを言った。「この答え、これですね」と。Aさんは正解した。僕は「僕の答えはそれじゃないいんだよ」と言うと、Aさんは受験で国語が大得意だったらしく、「いや、この出題パターンからすると、答えはこれなんですよ」と言うが、「書いたの俺だも――ん」とだだをこねた。

と、こんなことがあった。その文章を書いた人でも、答えを間違える。

それ以来、僕は自分のラジオに来た作家さんにたびたび尋ねる。「自分の作品が受験問題に出たことありますか？」と。あると答えた人も結構いて、さらに聞く。「自分で解きましたか？」と聞いてみると大体みんなチャレンジするらしい。そして「正解しました？」と聞くと「それが、答えがわからないんだよね」と言う人が多いのだ。そう、自分の書いた作品なのに、受験問題となると、作家にその答えはわからないのだ。

その時に思った。国語の文章問題で「その時の気持ちを答えろ」とか出てくるが、受験で出てくる答えと作者が考えていた深い部分は違ったりするんじゃないかと。

そこでこの企画は、「先生」が試験に出た問題にチャレンジする番組なのです。

please imagine this!

●小説家、自分の作品のテストを受ける

メインとなるのはこの企画。小説家がスタジオにやってきて、自分の作品が受験問題になった問題用紙を出されて受験する。果たして、何問正解したのか？　間違えた問題はあったのか？　問題の正解と自分の正解の違いは何なのか？　これを説明していくことで、その作品のあらたな説明と知られざる秘話が明らかになるのだ。

浅田次郎は受験に出た『鉄道員《ぽっぽや》』の問題に正解出来るのか？

リリー・フランキーは受験に出た『東京タワー〜オカンとボクと、時々、オトン〜』の問題に正解出来るのか？

百田尚樹は受験に出た『永遠の0』の問題に間違えることはあるのか？

●学校の先生もテストを受ける

このコーナーは、現役の中学・高校の教師が、他の学校で出た試験問題を受けるというもの。

その学校の生徒たちに人気の社会の先生が、全校生徒の見ている前で隣の学校の期末試験に出た社会の試験に挑戦。果たして全問正解出来るのか？

●医者も弁護士もテストを受ける

現役の医者、弁護士などの「先生」と言われる人たちが、その年度の医者になるための筆記試験、弁護士になるための筆記試験を受ける。果たして合格点を出すことは出来るのか!?

このように、様々な「先生」と言われる人たちが先生なのに試験を受けることで、そこにあるドラマが見えて、知識が色を変えて伝わってくる。それが「先生、テスト受けてください」です。

企画術

一回バカになれる人だけが常識を打ち破る

番組において、ゲストを仕込むブッキングというのはとても大切な作業です。

番組を見ていると「この人、よく出たな」と思うことがたまにあり、そして嫉妬します。

ポイントは一回バカになれるかどうか

いいプロデューサーとダメなプロデューサーの違いは、僕ら作家が出てほしいゲスト案を出した時に、**「一回バカになって聞いてみようか？」と言えるか言えないかだ**と思う。

最初から「無理だろ」と言ってしまう人は永遠にヒットが出せないと思う。

フジテレビの「SMAP×SMAP」という番組ではハリウッドセレブも多数出演してくれているが、会議では爆笑してしまうような名前を出し合ったりする。他の会議では絶対に出ないような名前。会議中に「アラン・ドロンって出ないかな？」なんてことはスマスマの会議以外ないのではないかと思う。

それを言い合った時に、気持ちの中では「出てくれるわけねえだろ」という気持ちをみんな抱いているとは思うけど、「まずは当たってみましょう」と言うプロデューサー、スタッフがいる。

スマスマにマイケル・ジャクソンが出演した時にも、事前オファーではなく、日本に来ているというニュースを聞いてからオファーした。

可能性は0％に近い。だけど、プロデューサーがまさしくバカになり、宿泊しているホテルの前で寝ずに張り付いて、半分ストーカーじゃないかと思うような粘りを見せ、最終的に当日出演のOKが出た。

TMCという用賀のスタジオの自動ドアが開いてマイケル・ジャクソンが入って来た光景は僕の中でも記憶に強く残っている。あのドアが開いて奇跡につながった気がした。

ビッグな人が出るのは、大体プロデューサーが「バカになれる」番組が多い。

「バカ」と「バカになれる」の違い

「バカ」と「バカになれる」は大きく違う。本当のバカは困る。でも、バカになれる、バカのフリが出来る人はとても強く、100回のアタックで1回くらいの奇跡が起きるのだ。

番組で1回奇跡が起きると、奇跡は奇跡を呼び寄せる。ビッグな人が1回出れば、他の人も「あの人出るんだ」と思う。

1回の奇跡は次の奇跡のハードルを低くするのだ。

だから、この「先生、テスト受けてください」も、「こんなの、小説家やりたがらないでしょ」と言ってしまうか、まず「おもしろいですね」と言えるかどうか。

そして**「バカになって聞いてみる」ことが成功につながっていく。**

「いやだ」と言われる企画は良い企画

もう一つ、出演をオファーした時に、「いいよ」と言われる企画と「いやだ」と言われる企画があるとする。

簡単に「いいよ」と言われる企画よりも、**出演者が「いやだ」と思う企画のほうが、視聴者が見たいものである可能性が高い。**

だけど、「いやだ」ばかりでは出てくれる人はいない。

「いやだ」に近いけど、少し気持ちをくすぐられる企画であることが大事。

小説家が国語のテストに間違えたら恥ずかしい。でも、出題されているのは自分の作品。自分の作品が受験に出ていて、間違えることは恥ずかしい。けれど、ここには絶対本人もくすぐられるものがあるのだ。

ちなみに、先ほど「SMAP×SMAP」のキャスティングの話をしたが、マドンナが出演を決めたのには理由がある。

マドンナより前に出演した外国人アーティストがいる。日本では超メジャーというわけではなく、好きな人は好き、というアーティスト。

そのアーティストが出演した際、毎分の視聴率は落ちていった。結構落ちた。その回の放送は、そのアーティストじゃなければ、平均視聴率は上がったはずだ。

しかし、マドンナが出ると決めた理由の一つは、過去の外国人タレントの出演者リストに、そのアーティストの名前があったということ。マドンナにとっては、そのアーティストが出ていることが格好いいと思ったのだ。

だからこそ思う。**その時は失敗でも、時を超えて、成功の種になることがあるのだと。**

check list!

- □ **奇跡的な企画を実現するためには一回バカになることが必要**
- □ **出演者がいやがる企画こそ、視聴者が見たいと思う企画**
- □ **失敗に終わったトライが次の企画の成功要素となることがある**

新企画 19

プロの魂見せつけバラエティー
「マーベラス・オーダーズ～これが出来るならこれも出来るはず」

外科医は日々、人の体を切ったり縫ったりして手術するわけです。そこで思いませんか？腕のいい外科医は日々大きなプレッシャーを受けながら手術で、切ったり縫ったり出来る。それならば裁縫もうまいはず!!

この番組は、様々な分野のプロや何かの才能に特化した人が「●●が出来るならば××も出来るはず」と想定し、それにチャレンジしてもらえないか？　とリクエストをして、それを引き受けるか引き受けないか？　考え悩む姿と、それに挑む姿を見せていく企画なのです。

こちらからリクエストするものは、思わず「マーベラス」と言いたくなるようなものばかり。

プロがマーベラスなリクエストに挑戦することで、視聴者は見たことのない映像を目撃することとなるのです。

では、いったい、どんなプロがどんなマーベラスなリクエストに挑戦していくのか、具体例を挙げていきましょう。

番組のメインになりそうな、マーベラスなリクエスト企画案。

please imagine this!

●手術のうまい外科医なら裁縫もうまいはず

手術がうまいと噂の外科医に「外科医の裁縫選手権」をリクエスト。出演を決意してくれた外科医5人に一つの会場に集まってもらい裁縫選手権を開催。

破れたシャツを縫って元に戻す。アップリケをエプロンに縫いつける。雑巾を縫う。

日々、人の臓器や皮膚を縫っている外科医は果たして裁縫もうまく、正確なのか？ そのスピードと縫った出来映えの総合点で1位を決めていきます。

ちなみに外科医の研修医も別部屋で同じ種目に挑戦。やはり研修医は研修医なりの裁縫の腕前なのか？ もチェックしていきます。

●腕のいい盆栽職人なら髪の毛のカットもうまいはず

日々ハサミを持ちその繊細な技術で盆栽を仕上げている盆栽職人。中には、驚くほどの高額の値が付く盆栽もあります。おそらくこの盆栽の世界には私たちの想像を超えた技術があるはず。ほんの数ミリ切り間違えたら台無しになる。値段が一気に下がる。そんなハサミ技術を持ち、魂を込めて日々盆栽を切っている盆栽職人さんならば、髪の毛を切るのもうまいはず。

そんなリクエストに乗ってくれた盆栽職人さんの前に現れる一人の男性。髪の毛を数ヶ月切ってなくてボサボサ。するとその男性が盆栽職人さんに芸能人の写真を見せて、「この髪型にしてください」。

果たして腕のいい盆栽職人は、髪の毛をカットするのもうまいのか？

ルールとして、盆栽職人が使うハサミは美容師のハサミとする。なので、盆栽職人がリクエストを受けてから、練習して美容師のハサミに慣れていく様も見どころの一つになるでしょう。

●カリスマ美容師ならば盆栽を切っていくのもうまいはず

盆栽職人↓美容師の逆パターン。

美容師が盆栽職人のハサミに慣れていく様も見せる。

本番当日、手入れのされてない盆栽が目の前に置かれる。そしてその横には１００万円の値が付く盆栽を置き、指令を受ける。「目の前の手入れされてない盆栽を、横の１００万円の価値のある盆栽と同じようにカットしてください」と。

果たしてカリスマ美容師は成功するのか？　そして美容師がハサミを入れた盆栽はいくら

の値段が付くのか？　金額でジャッジする。

●サーフボードに乗れるサーファーならばタライで波にも乗れるはず

オリンピックの種目候補にも選ばれたサーフィン。サーファーは当然ながら、とてつもないバランス感覚を持ち、波の上でボードを乗りこなす。サーフボードで波の上を乗っていけるのならば、木のタライに乗って波に乗ることも出来るはず……という想定のもと、挑戦。

このリクエストは、4人のサーファーに同時オファー。しかも微妙に違っている。

一人のサーファーはタライで挑戦。他の3人は、サーフボードの代わりに、お風呂の蓋、水に浮くほどの家の扉、ソープマットというリクエストを出す。

ロケ地はハワイ。サーフボードの代わりにタライ、風呂の蓋、家の扉、ソープマットを持ったサーファーたちがプロ魂で海に入っていく。果たしてビッグウェーブに乗れるのは誰だ!?

●暗記力がとてつもなくいい東大生ならばレシピを暗記して料理を作れるはず

日本で一番の大学といえば東大。しかも法学部に入った学生の中には抜群の記憶力を持つ者もいるはず。そこで抜群の暗記力を持つ東大生へのリクエスト。

暗記することが得意な学生に、激うまの料理が出来るレシピを見せる。でも、それはレシピ本レベルのレシピではなく、工程が300くらい、かなり細かく書かれている。

例えば、プロが作る激うまの肉じゃがのレシピ。

食材はどの野菜で、どの肉が何グラム必要なのか？　必要な調味料は1グラム単位まで細かく書かれ、そこから調理工程がすべて文字起こしされている。

すべて文字起こしされているのだから、その通りやればうまい肉じゃがは出来るはず。
・火の強さはひねって○度のところ。
・××の食材を○分○秒炒めたら次の食材を入れる。
とか、とにかく細かい。

その工程を暗記力に自信のある東大生が1週間ですべて暗記する。

さあ、すべて文字起こししたプロのレシピを完全に頭に入れた東大生、ほぼ料理経験なしの男性は記憶を引っ張り出して激うま料理を作ることが出来るのか？

記憶はテクニックを超えるのか??

●戦争で銃を使ったことのある人ならば銃撃ゲームがうまいはず

これは軍隊に所属し戦争に参加したことのある外国人のみが参加。

今や銃で撃ちまくるゲームは多数あり、たくさんの人がそのようなゲームに参加し撃ちまくり戦いまくっている。

ゲームと戦争は違うのか!?　その疑問に答えを出すことにもなるこのリクエスト。

戦場で腕が良かった元兵士たちだけが参加する銃撃ゲーム。彼らと対戦するのは、戦場などに出たことのない、そのゲームのプロ。

戦争で戦って現実を見た男か？　ゲームの中だけで銃を撃ちまくってきた男か？　勝つのはどっちだ??

●創作料理を得意とするシェフなら突然目の前に出された食材をたった100秒で料理出来るはず

冷蔵庫の残り物で料理を作る企画などはよく目にするが、これはその究極系でもある。

果たして一流のシェフは、突然出てきた食材でいきなり料理を作ることが出来るのか？　何を作るのか？　しかも時間は100秒。

シェフが入ったキッチンには、食材が10種。あらゆる調味料が置いてある。フライパンはすぐに使えるよう熱されている。

さあ、そのシェフは10種の食材のうち何をどう使って100秒で何を作るのか？

料理人の知恵と技術と経験値が試される企画である。

企画術

賛同者は「2割」がベスト

プロがそのプロ魂を出す瞬間はとてもおもしろい。

僕がやっていた「ほこ×たて」もまさにそれ（非常に残念な終わり方をしてしまいましたが）。

あの番組は最初に、鉄vsドリルという名勝負があった。最初こそ、この企画に乗ってくれる企業なんかいないんじゃないかと思いましたが、スタッフの熱意ある説得により出演してくれた人がいたんです。

番組というのは放送して人気が出てくれば参加してくれる人も多いのですが、形がないものにはみんな臆病になります。だから、そこは熱意しかないわけです。

10人中10人が納得する企画はダメ

企画を立てる時に大切なこと。プロデューサー10人に見せたら7～8人は「こんな

ことやってくれる人いるわけねえだろ」と言う企画であること。

10人中10人が「おもしろいね」と言う企画というのは逆にあまりいい企画ではない気がします。**全員が想像出来てしまうものは逆にそこにおもしろさの伸びしろがない。**

成立するのは困難だけど、「やってみよう」「やれたらおもしろい」と10人中2～3人の大人の冒険心を刺激することが大切。

そして「マーベラス・オーダーズ」のような企画の場合、プロに実際お願いする時に、失礼だなという目線と、失礼ながらもプロ魂をくすぐる目線が必要。

「外科医に裁縫やってください」というのは失礼。人の体を縫ってる人に布を縫ってくれとお願いするのだから。でも、外科医が裁縫に挑戦して優勝出来たら、それはそれで嬉しいはずです。「やっぱり縫うテクニックうまいんだ」とわかりやすく視聴者に伝わるのだから。

大事なのは、プロに対して「普段やったことないけど、テレビだから挑戦してみようか」とくすぐる気持ち。

企画書の中に企画からはみ出す要素を入れる

先ほど挙げた7つの企画例の中で一つ、他と雰囲気の違うモノがあります。

暗記力のいい東大生にレシピを覚えさせる企画です。

暗記力を活かしたチャレンジ企画であれば、東大生に日本人の名字を全部覚えさせる企画などが考えられると思う。

ですが、あえて「料理」という違うファクターを加えることでこの企画だけ「おもしろさ」に奥行きが加わる。本来、関係のない料理のうまさなどにもスポットライトが当たるのです。

企画書を書く時に大切なのは、**企画書の中に企画例からはみ出しているモノ、ちょっと種類の違うモノを入れておくこと。**

そうすることで企画を選ぶ側の想像力が広がる。厳しい言い方をすると、企画を選ぶ人は頭のいい人ばかりではありません。想像力が足りない人もいる。

そういう人のためにも、わざと違う雰囲気の例を挙げることも大切なのです。

この暗記料理、本当はこれだけで企画にしてもおもしろいのではないかと思うところもあるのですが、わざと企画の中に入れておく。

自分の苦手は企画のヒント

ちなみに、この暗記料理を思いついたのは、僕が育児のために仕事を減らし、毎日料理を作るようになってから。

日々クックパッドを見て、料理を作っているのですが、肉じゃがや、かぼちゃの煮付け、里芋の煮っころがしなどは、何度作っても、レシピを忘れてしまうんです。入れるものと手順は覚えているのですが、醤油と砂糖とみりんが大さじ何杯だったか？　とか、水は何ccだったかとか、忘れちゃうんです。

その時思ったのです。「これ、暗記力のいい奴だったら簡単に覚えるのかな？」と。日常の生活の中で、自分が苦手とすることに企画のヒントがあったりします。得意な人は不得意な人の気持ちがわかりませんから。

自分が苦手だったり苦しかったりする状況をもう一人の自分で客観的に見る癖をつけるのはとても大切です。

check list!

- □ 10人中10人がおもしろいという企画はつまらない
- □ 自分の「苦手」を客観視することで企画のヒントになる

新企画20

毎日収録する新形態バラエティー
「明日にBET!!」

通常、ゴールデンのバラエティー番組は生放送か、2週に1回収録される。時代と共に様々なサービスが現れ、スマホというテレビにとっても最大のライバルが現れている中、何十年も変わらないそのスタイルで番組を作り続けていていいのでしょうか？

そこで！　この番組は、今までなかったスタイルで制作・放送される番組です。放送されるこの番組は週に一度ゴールデン、それも日曜日に放送されることを望みます。

さて、この番組は今までの番組と何が違うのか？　それは、週に一度の放送ですが、月曜日から土曜日まで毎日収録して、その収録分と、日曜日に生放送する部分を混ぜて作っていくというところ。つまりは週に一度の放送のために1週間、7日間をまたぐ。

もちろん予算のことを最初から考えて作らなければなりません。低予算でいいので、小さなトークセットを作ります。

MCはアナウンサーもしくは、まだブレイクしてない芸人さんなど一人。だからギャラも安くて済む。この人が365日、この番組のために稼働するのです。

毎回ゲストが一組いるのですが、そのゲストの方には、1週間お付き合いいただきます。ただし毎回収録は30分ほどで済みます。

では、いったいどんな番組なのか？

please imagine this!

まず、月曜日の収録。スタジオにはMCとその週のゲストがいます。

ゲストには、最初に番組上の100万コインを渡します。ゲストはこのコインを1週間かけて、ベット、つまり賭けをしていくのです。

スタジオでは、本日の「ベット候補」が出てきます。

★明日の沖縄の昼12時の天気は晴れ？　雨？

★超人気の新宿の居酒屋●●の今日の来客は1000人を超える？　超えない？

★今日放送されている番組●●の視聴率は10%を超える？　超えない？

★札幌市で今日の朝から夕方までに婚姻届を持ってくる人は30人より多い？　少ない？

★今日のNTT「ドコモショップ赤坂店」。解約者は10人いる？　いない？

★国会前で明日デモを行う人は、10人より多い？　少ない？

★渋谷の下着ショップで週に1枚しか売れない過激な下着。明日中に売れる？　売れない？

などなど、ニュースになることから街中の小さな情報まで、今日と明日にまつわるあらゆる「ベット候補」が出てきます。

その中から一つ選んで、ベット。もちろん、「ベット候補」はそれぞれ倍率が違います。簡単なものは倍率が低いし、難易度の高いものは倍率が高い。ゲストは100万コインの中から、好きな分だけ賭けていい。

賭けたところで月曜日の収録は終わり。1回の収録で30分はかかりません。

そして翌日、火曜日の収録。ゲストにはまず、昨日ベットしたものの結果を教える。果たして自分がベットしたものの答えは？　例えば、札幌市の婚姻届だった場合。ディレクターが撮影した一日の様子がVTRでスタジオに流される。ゲストが正解していればコインは増え、不正解だとコインは減る。

昨日の結果を聞いた後は、今日のベット。本日の「ベット候補」が出てきて、またコインを使ってベットしていく。

その収録を、水曜日、木曜日、金曜日、土曜日と繰り返していきます。そして最後に日曜日。

ここだけは生放送。

まず月曜日～土曜日までの分を一日7分ほどのVTRにして放送。最後に日曜日部分は生で、土曜日にベットしたものの結果を見ていく。そしてトータルのコイン数も発表。

トータルコイン数に応じて、商品、旅行など様々なものがゲット出来るのでゲストも本気になるでしょう。

365日、休みなく収録し、放送するバラエティー。

この企画は、1週間の日本を楽しみながら振り返る、新たなエンターテイメントバラエティーとなっていくでしょう。

企画術

目指すは「なんで今までなかったんだろう？」

僕は常々「なんで今までなかったんだろう？」ってものが一番ヒットすると思っています。

「今までなかった」を作る

テレビではないですが、最近の商品だとキューブ状の鍋の素。

鍋の素といえば、タレの液状のものが袋に入って売られていた。

だけど、数年前から、キューブ状のものが販売されて、大ヒットしている。あれだと液状のものと違い、場所も取らないし、簡単。あの商品を知った時に思った。

「なんで今までなかったんだろう？」

もちろん技術やコストなど、様々な理由から作られてこなかったのだろうが、お客にとってそんな理由などどうでもいいこと。

だからこそ「なんで今までなかったんだろう？」をどうやって見つけるかが大事。

この企画「明日にBET‼」も同じ考え。

テレビ番組は大体2週に一度スタジオで収録している場合が多い。もしくは生放送。だけど毎日収録する……という「ありそうでなかった」パッケージを考えることで、やれることが一気に広がる。

毎日収録することでコストのことをまず気にするだろう。だけど、そこは小さなスタジオでセットを作る。派手じゃなくていい。MCもまだブレイクしてない人でいい。

そうすることにより、毎日収録したものを週に一度の放送で出していく……という「ありそうでなかった」番組になる。たぶん、作ってみたら、視聴者は「なんで今までなかったんだろう？」と思う番組になるでしょう。

企画者にとって最も大切なのは「根性」

スマホという最大のライバルが出てきたテレビは、その収録スタイル、制作スタイルについて考える時期に来ていると思う。

予算が多いからおもしろい番組が出来るわけではない。テレビ界の人が危機感を抱いているからこそ、あえて今までやってこなかったスタイルに挑戦する時だと思う。

新しいものを作るには単純に「根性」が必要だ。

僕は才能のある人はみんな「根性」があると思っている。

「根性」と聞くと古臭く聞こえるが、おもしろいことを思いつくまで粘る力、気力、体力、結局、根性になる。

だから「優秀な人は根性がある」と最近言うようにしている。

「根性」って言葉はバカにしやすい言葉だが、周りを見回して考えてほしい。

あなたが優秀だと思う人「根性」ありませんか？　あなたがダメだなと思う人「根性」ないですよね？

アナログすぎる言葉だからこそ、大事にしたい。新しいモノを作る人は、その壁を破る「根性」がある。

世の中の「なんで今までなかったんだろう？」を見つけた人は、強い！

そしてきっとそれを見つけ、実行していく時に強い根性があったのだろう。

check list!

□ **「なんで今までなかったんだろう？」が実現した時ヒットが生まれる**

□ **「根性」がない企画者は新しいヒットを作ることは出来ない**

新企画21

思わず語りたくなりました「消せない番号、消せないメール」

今、これを読んでいるあなたの携帯・スマホには、もうこの世の中には存在していないのに、消すことの出来ない電話番号とメール、残っているだろうか？　きっと残っているはずです。

なぜ、消せないのですか？　その番号やメールを消すと思い出と一緒に消えていきそうだから？

携帯・スマホに残っているけど、もうこの世にはいない人の番号、メール。その数だけ、その人との思い出がある。

私、鈴木おさむの携帯には、もうこの世にはいないけれど、消すことの出来ない番号が3つ入っている。

一つ目は、「笑っていいとも！」の若手ディレクターだったF君。とても元気だったのに突然亡くなってしまった。

二つ目は、僕と同じく放送作家のWさん。22歳の時にその人と出会い、僕より二つ上で、若手時代、朝までヘロヘロになって会議していた。そのWさんが、病気で、もう先が長くないかもと知らされた時に、気づいた。僕は若いころWさんの才能に嫉妬していたんだと。放送作家を大きく分けると努力型と閃き型がいる。Wさんのアイデアは閃き型。天才だった。ある時までは、Wさんに負けないようなアイデアを！と思っていた。嫉妬していたのだ。が、この人には絶対かなわないと思った時に、自分は閃き型ではないと諦めることが出来た。閃き型ではないのだと気づけたから、自分なりのやり方で進むことが出来た。

3つ目はアーティストの川村カオリさん。乳癌になり、38歳の若さで亡くなられた川村さん。

若いころはテレビに出ることを拒んでいた彼女だったが、最後の約2年、彼女の生き様を番組で追いかけることになり、ロックシンガーとして、母親としての彼女の姿を近くで見させてもらった。

僕がやっていた番組に出演した川村さん。テレビで、しかも生で歌うなんて久々。その生放送でちょっと間違えた。放送後、川村さんとスタッフと食事に行った。体は癌に蝕まれていた。痛そうな顔一つ見せずに一緒に店まで行く川村さんに僕は聞いた。

「今、体とか痛くないんですか？」

すると川村さんは笑顔で言った。

「めちゃくちゃ痛いよ」

店に到着し、川村さんはビールを頼んだ。スタッフが止めたが、出演することを拒否していたテレビに久々に出演したのに、歌を間違えたことが悔しいから飲ませてくれと言った。あれは川村さんのポーズだったかもしれないけど、川村カオリという生き方を生き抜いた。今でも昔の携帯には川村さんからのメールが沢山残っている。

please imagine this!

この企画は、ゲストを呼んで、今はこの世にいないけれど、携帯・スマホから消すことの出来ない番号やメールのことを語ってもらうもの。

テレビ番組で、亡くなった方々との思い出を語ってくださいと言われても堂々とは話しにくいはずだ。だけど、みんなが携帯とスマホを片手に持ちながら、今はこの世にいないけれど、消すことの出来ない番号、それは誰のものなのか？　携帯番号をどういうシチュエーションで交換したのか？　どんなことで電話したことがあるのか？　どんなことをその人から教わったのか？　思い出は？　その人と最後に会話したこととは？　その人からもらった消せないメールとは？

僕がブログで、消せない番号のことを書き、読者の方に「皆さんも携帯とスマホの中に消せない番号はありますか？」と聞いたら沢山の読者がコメントをくれた。

企画術

個人的な強い思いを企画に込める

みんな携帯・スマホには、今はいないけれど消すことの出来ない番号があった。父、母、兄弟、夫、妻、友達、恋人……。

実はこのコメントに投稿してきた有名人が一人いました。市川海老蔵さん。

市川海老蔵さんも書いていた。私の携帯にも消せない番号があると。それは、父、中村勘三郎さん、板東三津五郎さん。その3人だと。市川海老蔵さんの携帯から消すことの出来ないこの3人。

市川海老蔵さんが、そのスマホを片手に、番号を見ながらこの3人との思い出を語る。

きっと、いや、絶対に他では聞けなかった熱い話が出てくるはずだ。

この話がこの企画の解説になるのかわかりませんが、ここで書きたいことが一つあります。

僕は20代後半で、親の借金を返す人生が始まっていきました。

父は自営業でしたが、ギャンブルをやるわけでもなく無駄遣いをするわけでもない。色んな理由で商売がうまくいかなくなり、借金が膨らんでしまったのです。その多額の借金を、親と一緒に僕も返済する人生が20代後半から始まりました。

ある日突然、一本の電話で銀行に呼ばれ、その借金のことを知らされました。あまりに多すぎる金額だったので、絶対に返すことは不可能だと思いました。

父の代わりに僕が弁護士と話をしたりしていたので、放送作家の仕事を数日間お休みしていました。とてもじゃないけど、おもしろいことなんか考えられる状態じゃなかった。

だけど、あるお笑い番組の演出家の人が心配して電話してきました。「大丈夫か？」と。僕がすべての事情を話すと「来週の会議に来て、会議終わりでみんなにそのこと、おもしろく話してみろよ」と言いました。

正直「この人、頭おかしいのかな」と思いました。人生で最大のピンチ。家族全員で逃げなきゃいけないかもしれない。そんな状況を、「おもしろく話してみろよ」って。

次の週、僕は会議に行きました。もしかしたらこれが最後になるかもと思って。

会議が終わり、その演出家は言いました。「最近、おさむがおもしろい経験をしたから、話します」と。

僕は突然自分の身に起きたことを話しました。自分のこの数週間を客観的に見て、明るく、前向きに話したのです。すると、会議に出たみんなは笑ってくれました。

今考えてみると、自分たちが経験できないことをこいつはしている。経験したことのない話をしていることでまず興味があるわけです。皆さん、興味深く聞いて、笑ってくれて、帰り際に、「がんばれよ」と言ってくれました。

自分の人生を俯瞰で見る目を持つ

その時に、自分の感覚が麻痺しました。「自分の経験は悲しいことじゃないのか？」と。

チャップリンの名言で「人生は近くで見ると悲劇だが、遠くから見れば喜劇である」という言葉がありますが、まさにそれ。

そこから自分の人生を常に客観的に見る癖がつきました。

どんなに悲しくても、腹が立つことがあっても、つらいことがあっても、客観的に見る。客観的に見ることにより、それが企画になったりする。

悲しみや怒りはエンターテイメントにして消化する

悲しみや怒りは、何かの企画になったりすると、それが自分の中で少し消化されたりする。

妻のお腹の中に初めて子供を授かった時。その命は結果、生まれることなく残念なことになってしまった。

悲しみに沈む妻を見ていて、もう芸人をやるのは無理じゃないかと思っていたのですが、妻はしばらくして自分で立ち上がり、当時連載で執筆していたエッセイに、そのことを書きました。

悲しい文章ではなく、芸人さんらしく、明るく前向きな気持ちに変えて。

それを見た時に、あらためて、悲しみや苦しみをエ

ンターテイメントに変えることの出来るこの仕事の素晴らしさ、そしてそこから生まれたもののパワーを知りました。

その後、二回目の妊娠をしますが、それも残念な結果になりました。

その時、僕はその悔しさと悲しみを何かの形に変えることが出来ないかと思っていました。

そんな時に、TBSの連続ドラマをやらないかという話が来ました。多分、向こうはコメディーを想像していたと思います。が、僕は出産にまつわる物語を作らせてもらいました。

堀北真希さん主演で、田中美佐子さんが堀北さんのお母さん役。そのお母さんが50代にして妊娠、出産する「生まれる。」という高年齢出産のドラマです。

そのドラマを書きながら自分も妊娠や出産について深く学ぶことが出来、自分の中でも思い出深い作品となりました。

劇場版「ONE PIECE FILM Z」という大人気漫画「ONE PIECE」のオリジナル劇場版の脚本を書いていたのは2011年。

東日本大震災の前から本作りが始まり、震災後も書いていました。物語の一番の敵役であるZという元海軍大将のキャラクターがいる。

監督である長嶺達也さんから、劇中でZが呟くように歌う歌を作ってほしいと言われました。

劇中、その歌が大切なポイントになるのですが、その歌は亡くなった海兵たちへの鎮魂歌で「海導《うみしるべ》」という歌になりました。戦闘などで亡くなった海兵を弔う曲。

裏に強い気持ちがある企画は力を放つ

実はそのような曲にしたのには理由があります。ここで初めて書きますが、その曲の歌詞を作っていた時、震災後、数ヶ月たった時でしたが、テレビでは震災のドキュメンタリーが流れていました。その時に、この歌に自分なりの思いを込めようと思ったのです。

映画の中では、亡くなった海兵たちへの鎮魂歌ですが、僕の中では、あの震災で海に消えていった方たちへの思いも込めて書かせていただきました。

このことは監督にも誰にも言いませんでした。公開から3年以上たったので、ここでそのことを書きますが。

やはりものを作る時には、その時の強い気持ち、強い思いを乗せられたものこそ、その背景など説明しなくても、力を放つものになるのだなと信じています。

check list!

□ 人生最大の不幸もエンターテイメントに変えることができるのが企画の力

□ 個人的な強い思いを乗せると企画は力を持つ

新企画 22

ピンチをチャンスに変えてみよう「コンプライアンスTV」

コンプライアンス強化が強く叫ばれるようになった時代。テレビの会議でも何かというとコンプライアンスと言うようになった。

そもそもはモラルから外れているような人たちばかりが集まり、おもしろいものを届けるのがテレビ番組だったが、今はそうではなくなってきた。

ネットが発達し、苦情やクレームが簡単に言えるようになった時代。局の人たちはそのクレームや苦情に怯えながらモノづくりをしなければいけなくなった。一般の人が苦情やクレームを入れてくることは多いわけだが、たった一人の意見でも無視できない時代。

そこで！　この番組は、バラエティーを通して、日本人のコンプライアンスの境界線を見る番組なのです。

please imagine this!

まずスタジオには、一般の視聴者が100人来る。これを番組では「コンプラ委員会」とします。

20代の独身女性10人、30代主婦が10人、50代男性10人とか、世代・性別で分けられている方たちと、現役教員10人、弁護士10人、日本で暮らす外国人10人などなど。全部で100人。全員の手元には2個のボタンがある。それは青の「おもしろかったボタン」と赤の「コンプライアンスボタン」。

その状態で、スタジオに登場したタレントさん・文化人が「自分がおもしろいと思うもの」をVTRにして自由に作ってくる。

ロケ企画でもいいし、コントでもいいでしょう。でも、「もしかしたら、これコンプライアンスにひっかかるかも」と思う気持ちを持ちながら作ってもらいます。「本当だったらテレビでやってみたいこと」を作ってくる。

そして、それをスタジオで流した後に、スタジオにいる100人のコンプラ委員会が、「おもしろかった」か「自分のコンプライアンスにひっかかる」かどうかジャッジ。

自分のコンプライアンスにひっかかった場合は、何がひっかかったか？　女性を下に見てるように感じたのか？　セクハラを感じたのか？　生き物を虐待してるように思ったのか？　何がコンプライアンスにひっかかったかを語っていただき、制作したタレントさん・

文化人はそれに対して徹底的に言い訳と反論をしていくのです。

よくテレビにくるクレームは「一般の方々のクレーム」と大きく一つのくくりにされることがありますが、「一般」といっても色んな世代の色んな人生を生きてきた人がいるわけであって、「一般の人」も、きっと「人が言ったクレーム」に対して「そんなことがダメなんだ」と驚くはずである。

なので、この番組は、バラエティー番組のフリをして、世の中の人のモラルを見ていく番組なのです。

海パンで街中を走る映像に対して笑う人、怒る人、それぞれ。では、怒る人はなぜ怒るのか？　セクハラだという人もいれば、「体が汚い」と意外な理由をいう人もいるかもしれません。

コンプライアンスに縛られているテレビですが、コンプライアンスこそ一番のバラエティー。今だからこそコンプライアンスを楽しもう。それが「コンプライアンスＴＶ」なのです。

企画術

「ギリギリ」にこそおもしろさがある

企画力で最悪のピンチを最高のチャンスに変える

ピンチはチャンスという言葉がある。とても好きな言葉です。

テレビに生きる自分として、確かにテレビは今ピンチな時期に入ってきているのかなと思う時もある。

ライバルが増えただけでなく、コンプライアンスというものに怯えてモノづくりをしなければいけなくなってしまった。

だから、バットの振り方もどんどん小さくなる。

そんなテレビに対して「昔よりおもしろくなくなった」「どこも同じことばかり」と言う人も多い。

一般の人に縛られ、一般の人に見放されていく。

そこで、今テレビが何に怯え、固まっているのかということを、テレビの、しかもバラエティー番組を通して見せてあげることは大事だと思う。

それを見せることが出来れば「あれ？　そんなことで怯えてたの？」とか「一般のクレームって、それ一般じゃないから」と思う人も増えるのではないかと思っている。

育児に入ってからテレビを見る機会がさらに増えたが、やはり、ギリギリを攻める番組は少なくなっている。仕方ないことだ。

だけど、危険なことをやるとかアナーキーなことをやるとか、そういうことがギリギリということではない。

ふと、こんなことを思い出した。「めちゃイケ」という番組で、以前、濱口ドッキリというのを恒例でやっていました。僕は濱口さんと距離が近かったため、濱口ドッキリの構成担当になることが多かった。

自分自身、濱口ドッキリの一番の名作は、濱口さんが実際には存在しない大学を受けるという企画だと思っている。その大学の名前は「桐堂《きりどう》大学」。濱口さんが入学式で大学の校歌を歌う時に「桐堂〜♪桐堂〜♪」と歌い続けると「ドッキリ、ドッキリ」になっていくわけです。

存在しない大学を受けるという案、そして大学の名前は僕が提案したものでした。

正確に言うと、僕が提案したのは「桐士大学《きりど》」だったのですが。

この案にドッキリ担当のディレクターが乗って進めることになったのですが、最初の会議では反対する人も少なくなかった。なぜなら単純な話で「それはバレるだろ～」というもの。

ですが濱口さんの性格を知り尽くしている僕とディレクターは「いけます」と言いきり、実行に移しました。そして大成功。もちろんその裏にはスタッフの細かい仕業が沢山あるのですが、濱口さんだからこそひっかかるドッキリ。

ギリギリを想像し、ギリギリを攻める

ここで大切なのは、「ギリギリを攻める勇気を持つ」ということです。ギリギリを攻めたものこそ、爆発力が大きく、記憶に残るものになる。

ガリガリ君がコーンポタージュ味を出して世間をちょっと騒がせた時に、なぜコーンポタージュ味を出したのかの理由が素敵でした。

「冒険しなくなった」という声を意識したのだとか。

確かに、コーンポタージュ以前のガリガリ君は、売れ線の味が多く発売されていた

気がします。だけど、あのコーンポタージュで、本来のガリガリ君のやんちゃ感、「なんかやってくれる感」が再び増した気がするのです。

実際に販売した本数の百倍、千倍のイメージ作りに成功した例でしょう。あれもまさしく、ガリガリ君だけにギリギリ君を攻めた結果。

僕が言う**ギリギリとは、想像し、妄想し、おもしろがること。**一つの企画があるとする。主婦のお役立ち情報でもいい。だけどその主婦のお役立ち情報一つの中にもギリギリってあるはずなのだ。

今だからこそ、テレビのどんなに普通の企画でも、そのギリギリを想像し、妄想し、一回膨らませて削っていく作業をしていくことが大事だよね！……と、自分に対しても強く言っていたりする。

ギリギリをギリギリまで考えて生きていこう。

企画の中に自分らしさをどうにかして出す

そして最後になったが、折角なので、企画の自分らしさということをここで書きたい。

一つの企画で自分らしさを出すということはとても難しいことだ。だけど**自分らしさがなければ、他の人でもいいということになり、自分の価値はなくなっていく。**

例えばプロデューサーに、やりたい企画があるから入ってくれないか？　と言われたとする。

言われたことの範囲内でモノを考えていくのは楽だ。しかし、それだと自分じゃなきゃダメという仕事にならない可能性がある。自分の可能性を潰していることもある。**99％固まってしまっている企画であっても、そこに1％の自分らしさを出そうとあがくことは大切だ。**

2015年、人気漫画「新宿スワン」の映画版が公開されて、僕は脚本を担当させていただいた。正直オファーされた時は悩んだ。それまでは原作漫画を脚本にするという作業をあまりやってこなかったから（映画「ＯＮＥ ＰＩＥＣＥ」の物語は映画オリジナルだったので）。

脚本家のプロでもない自分がそれをやってうまくいくのかという思いと同時に、自分がやる意味があるのかとも思った。しかも監督は園子温さん。

新宿のスカウトマンの物語で、とてもおもしろい漫画。男の物語。その中で、風俗嬢のアゲハというキャラがいる。映画では沢尻エリカさんが演じているのだが、僕は原作の中で、そのアゲハというキャラクターに惚れた。だからこそ映画にする時は、男の物語の中に、アゲハを軸とした恋の物語を自分なりにプラスして表現しようと思った。

結果、映画の後半部分、そこの物語はうまくいった気がする。99%固まっている中で、1%くらいはあがくことが出来たのではないかと思っている。

自分じゃなきゃダメ。周りはそう思ってないかもしれないが、自分でそう思い込むことが大事で、それは時間がかかっても絶対伝わることだと思っている。

自分らしさ。今だからこそこだわりたい。

check list!

- □ **その企画のギリギリを考え、ギリギリを攻める**
- □ **企画には1%でも自分らしさを出すためにあがく**

特別対談

放送作家

鈴木おさむ

動画

新時代

Netflix株式会社
代表取締役社長
グレッグ・ピーターズ

日本にネット配信は定着するか

鈴木　この本は僕が考えたテレビとネットにまつわる新企画を一冊の本にまとめたものなのですが、本の最後に、僕はグレッグさんと、色んな動画配信会社が出てくる中で今後の動画コンテンツやテレビがどうなっていくのかをお話しさせてほしいなと思ったんです。

グレッグ　私もすごく興味があってワクワクする内容の話なので、楽しみです。

鈴木　僕は、この世界に入って25年になります。今、43歳ですね。去年子供が生まれまして、仕事を育休で休んでいるんです。

そして、一歩引いた距離でテレビを見たら、日本のテレビとその周りがすごく変わってきているなとリアルに感じたんです。

グレッグ　なるほど。

鈴木　そんな中でネットフリックスはすごく大切な位置にいると思うんです。

そこで、まず聞きたいんですけど、アメリカでは地上波とネットフリックスなどのネット動画配信の視聴時間はどのくらいの割合なのでしょうか？

グレッグ　地上波やケーブルテレビを見る時間のほうが、ネットで動画を見る時間よりはるかに多いことは確かですね。

鈴木　やはりそうなんですね。

グレッグ　ただ、ネット動画を視聴する時間というのは、どんどん伸びています。10代、20代はさらに伸びています。

鈴木　10代、20代なんですね。

グレッグ　それに対して、ケーブルや地上波などの、いわゆるテレビで放送されているコンテンツというのは、ずっと横ばいです。

鈴木　上向きはないなとは思っていましたが、横ばいではあるんですね。

グレッグ　コンテンツによってですが、例えばドラマ、テレビ、映画というようなコンテンツは、おそらくインターネットのほうがテレビの放送よりも視聴者を満足させられるものを提供できると思っています。

鈴木　これは僕の体感でしかないのですが、日本では、色々な動画配信会社が契約者数の多さを発表しているんですが、正直なところ、実際若い子が街でその番組を見たって話をしているかというとそんな実感はなくて……。

グレッグ　そうなんですか……。

鈴木　だけど僕は、ネットフリックスにすごく期待しているところがあるんです。まず、オリジナルコンテンツがあるところ。そしてそのコンテンツが非常におもしろいところ。

グレッグ　ありがとうございます。

鈴木　ネットフリックスが「ハウス・オブ・カード」を作り、エミー賞を取ってしまったのをきっかけに、ネットのドラマも地上波が作ったドラマと同じラインに並んでしまった。あれはすごいことだと思うんです。だから日本でもネットで有料放送されているものからブームが起きるのではないかと期待しているんです。

グレッグ　私もそうなることを期待しています。

鈴木　ただ、日本の場合はアメリカと違って、テレビや動画にお金を払うという習慣がなかなか根付かない気がするんです。グレッグさんは、実際にサービスを開始されて、その壁の厚さというのはやっぱり感じますか？

グレッグ　日本に限らず、ドイツでもイギリスでも、国営放送など無料で良い番組を提供する放送局というのがあります。その中で我々は月額料を払ってでも見る価値のあるコンテンツがありますよ、というのを訴え続けることが大事だと思っています。

鈴木　しかも超おもしろいオリジナルコンテンツを作って訴えるってことですよね。

それがネットフリックスのすごいところだと思うんですよね。

ここでテレビ離れについて聞きたいのですが、今の日本で僕がすごく感じているのが、中学生、高校生くらいまでは、テレビを家族と一緒に見ていると思うんですよね。でも、高校を出て、一人暮らしを始めて20代くらいになると、家にパソコン、スマホはあるけれどテレビがなかったりする。これ、どう感じていますか？

グレッグ　今の若い人たちというのはテレビを見ることに対する考え方が昔と比べて変わってきているのは確かだと思います。彼らは小さいころからネットを経験しているので、好きな時に好きなものを楽しめることに慣れている。そうなると通常のテレビだと、ある特定の時間帯に縛られてしまって魅力的に感じられなくなってしまうと思うんです。

鈴木　放送時間とテレビという概念が変わってくるわけですよね。

グレッグ　10代のテレビ視聴時間が徐々に下降しているのは、このような娯楽に対する考え方が変わってきているということが理由だと思います。

鈴木　地上波のテレビにとっては厳しいですけど受け止めなきゃいけない現実ですね。

グレッグ　そこで、我々が何をしようとしているかというと、やはりインターネットの性質を活かした動画コンテンツの提供。ハイクオリティなものを、ネットと同じような感覚で楽しめれば、若い人たちに魅力を感じてもらえるのではないか。物語を見てすごく感動するという体験は、世代に関係なく魅力的なものがあると思っています。

鈴木　ネットフリックスが最初に日本オリジナルコンテンツとして始めた「テラスハウス」と「アンダーウェア」なんですけど、かなり女性向けにしたな、という印象がありますが、それはなぜですか？

グレッグ　コンテンツを作るうえで大事なことは、いいアイデアを最大限に活かすということです。

いわゆる、「このターゲット層で狙うためにこれを作ろうか」というよりも「こういう番組があったらおもしろいね」という感覚を追求していこうとしています。ですから、女性重視でいこうと決めたのではなく、たまたまおもしろい内容のコンテンツをピックアップしたら、あの二つだったんです。

鈴木　そうだったんですね。

グレッグ　そうなんです。

テレビでは作れないコンテンツを届ける仕組み

鈴木　ネットフリックスのドラマは、非常にエロティックなシーンだったり、結構ドキドキしてしまうストーリーだったり、俗に言う地上波テレビでは出来ない表現が物語に入っていますが、あれは最初からの狙いで作っているんですか？

グレッグ　やはり従来のテレビ放送ではとりあげられないコンテンツというものをしっかり配信していこうと思うんですよね。で、どういったものがそれに当てはまるかというと、やはり一つは民放でスポンサーを見つけにくいもの。

鈴木　例えば？

グレッグ　暴力シーンが多いものであるとか、性的な描写が激しいとか、あと考え方が斬新すぎてスポンサーがついていけないコンテンツ。で、もう一つが、その番組の尺。

鈴木　そこ、すごいところですよね。

グレッグ　今の地上波ですと、どうしても1時間を毎週何回かで放送して構成していくということに縛られてしまいますが、我々は、そういうことに縛られることなく、クリエイターが自分で物語を作り、構築出来る自由というものを持たせています。

鈴木　ネットフリックスが作るものって、王道とはちょっと違う線で作っている気がするんですよね。

グレッグ　そうすることによって、従来のテレビ放送では出来なかった、コンテンツに関するファン層というものを構築出来るんですね。

鈴木　例えばどんなことでしょう？

グレッグ　例を二つ挙げたいと思うんですけども、「ビースト・オブ・ノー・ネイション」というオリジナルコンテンツがネットフリックスにあるんですけども、テーマが、アフリカにおける……

鈴木　あ！　この間、映画になったやつですね！

グレッグ　そうです、そうです。子供兵士のテーマでネットフリックスと劇場で同時公開しました。これは、非常に地上波では扱うのが難しいものです。まず、その作品のテーマ・内容があまりに極端であったり、濃いものは、おそらく制作費を集めることも難しいと思うんです。

鈴木　地上波だと難しいでしょうね。

グレッグ　だけれども、ネットフリックスでは、レコメンデーション機能を使うことで、その作品に興味があるという人を世界中から必ず見つけ出して、届けるシステム*があります。

鈴木　すごいですね、それ。

グレッグ　もう一つ例を挙げると、「ジェシカ・ジョーンズ」というシリーズがあるんですけども。マーベル……

鈴木　あー、マーベル！　女の子の主人公のやつだ！

グレッグ　そうです。でも、いわゆるヒーローものとは違うんですね。女性が主人公でちょっとサイコスリラーっぽい。依存したり、執着したりする。いわゆるマーベルコミックというとみんなヒーローものだと思うんですが、この作品はマーケティングするうえで「スーパーヒーローものです」とも言えない。

鈴木　そうなんですね。

グレッグ　こういう一言で説明しにくいドラマっていうのも沢山ありますよね。でも、クリエイター側が、こういうビジョンでこういう作品を作りたいんだ！　と思って作った作品を、それを求めているお客様にしっかり届けることが出来るのがネットフリックスなんだと考えています。

ビジョンと情熱を持ったクリエイターを起用する

鈴木　ネットフリックスの場合、本国で作られているものは、出演者というよりもクリエイター重視で作られている感じがするんですが、クリエイターを起用する時に何かポイントはあるんですか？　すごくオタクのお客がいる監督とか。

グレッグ　やはりビジョンを持っている人です。自分の頭の中のアイデアに対してものすごく情熱を持っていて、すごい詳細にまで構築されている。そういった情熱を見ると、この人と一緒に組みたいと思わされます。

鈴木　ビジョンと情熱ですね！

グレッグ　我々は従来のテレビ放送のような規制が少ないので、その内容がどうのというよりも、まずそのクリエイターの方が持っているビジョンと情熱が一番ということですね。

鈴木　やはり、ネットフリックスの作品は作り手が前に出ていますね。

グレッグ　That's right!　どういう役割を持っている人だろうと、ビジョンを持ってその物語を伝えたいんだ！　というのが必要です。

鈴木　ドラマを作る時には、例えば13話あるとしたら、脚本は全部出来上がっているんですか？

グレッグ　いつもそうとは限らないですね。

鈴木　それ意外です！　他に、ドラマの物語作りで戦略はあるんですか？　売れるもののリサーチはしているんですか？

グレッグ　色んなケースがあります。すでに何シーズンも頭の中では出来上がっていて、5年分持ってくる人もいれば、初期段階のアイデアしかないけど、それがおもしろいから一緒に作り始めていく、というケースもあります。

鈴木　アイデアが出てから、制作するまで大体何年くらいかかるんでしょうか。

グレッグ　アイデアがどれくらい固まっているかによりますが、1ヶ月ということもあれば、1年ということも。

鈴木　僕は「センス8」とかすごい好きなんです。倒錯しすぎちゃって僕の周りではあまり共感してくれる人がいないんですけど（笑）。

そこで一つ気になることがあって、「センス8」も、「オレンジ・イズ・ニュー・ブラック」も、「ハウス・オブ・カード」もそうですが、ネットフリックスのコンテンツには同性愛が結構な頻度で出てくる気がします。しかも結構ハードなシーンも出てくる。ああいうことは、戦略的に入れているんですか？　マイノリティに訴えかける、というか。
グレッグ　戦略ではないですね。「ブラッド・ライン」「ナルコス」「デアデビル」などにはないじゃないですか。主軸の物語がなにより大事です。そこに付随する要素は色々あっても構わない。
で、「あっても構わない」と思えるのは、別に心配する必要がないから。いわゆる従来のテレビ放送ではないから。
鈴木　なるほど。で、オリジナルコンテンツっていうのは、いま年間何本くらいあるんですか？
グレッグ　どんどん増えているんですよ（笑）。だから大体このくらいっていうのが言えなくて。
鈴木　オリジナルコンテンツをアメリカ以外、日本ではちょっと作り始めていると思うんですけど、他の国でも作っているんですか？
グレッグ　世界中の色んなところで作っていますよ……コロンビア、メキシコ、イギリス、フランス……そして先日（２０１６年１月）ついに全世界でのサービス提供を開始したので、今後も日本だけでなくともオリジナルコンテンツというものがどんどん出てくると思います。

鈴木　日本では、日本オリジナルの番組をメインにしていきたいのか、それとも海外の、アメリカで作ったものをメインにしていきたいのか、どっちですか？

グレッグ　我々のビジョンとしましては、グローバルなネットワーク帯というものを考えているので、国単位では考えないんです。グローバルなネットテレビのネットワークなので。

鈴木　そうか、そうですよね！

グレッグ　本物のクリエイターであるならば、どこでも支持されるハイクオリティなコンテンツを作れると思います。で、ネットフリックスは世界中のそれを見たいと思っている最大限のお客様に届ける、というのがビジョンです。

新しいジャンルへの挑戦

鈴木　僕は放送作家でバラエティーを中心に作っています。そんな僕が気になるのはネットフリックスでは、ドラマとドキュメンタリーはすごく多いんですけど、バラエティーは？

グレッグ　今はないんですが、一つ例外としては、「ビル・マーレイクリスマス」というのを作りました。

鈴木　あれ、すごく楽しみにしてるんです。

グレッグ　それが初めてのバラエティー挑戦なんですけども、他にも色々やっていこうかな、と思っています。

鈴木　そうなんですね。

グレッグ　その結果から学んで、今後どうやっていくかっていうのを自分たちで考える。やはり、ドラマ、ドキュメンタリー、映画っていうのが核になると思いますが。

鈴木　日本の場合でもそうですけど、バラエティーにお金を払うというのが、非常にハードルが高い気がするんです。でも、もしかしたらネットフリックスはそこの壁を日本において壊せるんじゃないかという気はしているんですよね。

グレッグ　色々なことを試していくという意欲もありますし、どんどん挑戦していきたいと思っています。

鈴木　日本人ってお笑いはこんなに好きなのに、有料になると急にお金を出さないっていうのがあるので（笑）。

グレッグ　又吉さんの『火花』のドラマ制作に励んでいて、今年の春にはネットフリックスでお届けできる予定ですが、ドラマの中でお笑いや漫才という日本における お笑いの形がこんなにおもしろいっていうことを見せていくのも一つだと思います。また、それに限らず、お笑いをそのまま見せるのではなく、何か切り口を変えてお笑いを見せていくというのが大事だと思っています。

鈴木　僕すごく好きな本が一冊あって、任天堂の歴史を書いた本があるんです。マリオが出来る以前の、ゲーム&ウオッチっていうものから始まって、任天堂がいかに成功していったかって話なんです。これが大変おもしろくて、僕はテレビ局の人にドラマにしたほうがいいんじゃないか、って言っていたんです。

でも「一企業のものなので、例えば宣伝も難しい」と言われたんです。マリオという世界中の人が知っているものを作った人の物語が、おもしろいけどテレビだと出来ないっていうのはもったいない。そういうのをぜひネットフリックスとかがドラマにしてほしいな、と個人的には思うんです。

グレッグ　さらにもう少し深く、このことについては話し合いたいくらいです。

鈴木　（笑）ぜひ！

広がるエンターテイメント格差

鈴木　グレッグさんは日本に来てから日本のテレビもよく見られていると思うんですけど、あらためて気づいたこととか疑問に思うこととかありますか？

グレッグ　一つ気づいたのが、日本は基本的に四六時中テレビがついているじゃないですか。

鈴木　そうですね。

グレッグ　何をやるにもテレビがついている状態なので、コンテンツも座ってじーっと集中して見るものよりも、なんとなく何かをしながら、ながら見ができるものが多いかな、と思います。

鈴木　僕が放送作家業を休み、育児しながらテレビを見てる中で一つ気づいたことは、日本の経済格差がどんどん広がっている中で、テレビにおけるエンターテイメントの格差も広がっている気がします。

「壊れた机を直す」「今日の料理を100円でおいしくする」みたいな自分の生活に関係あることをテレビで見たいと思う人たちが多い一方で、そこには興味ないという人たちもいて。それがエンターテイメント格差だと思うんです。

例えば、5年前はすごい豪華な料理を限界まで食べて苦しんでいる姿を笑っていられた。でも今はそういうことに対して、食べ物がもったいないとかって感情が先にくる人もいる。

エンターテイメントもすごい差が出てきて、狭くなってきちゃったなと感じています。

グレッグ　ネットフリックスでは、どの立場にいる人も自分の好きな番組が何かしら見つかるという利点があります。そして、例えばネットフリックスがアメリカで制作した「オレンジ・イズ・ニュー・ブラック」とかは、物語が色んな角度から楽しめるように作られているから、所得がある人でも、少ない人でも楽しめる物語になっている。

鈴木　どの状況の視聴者でも、入ってこられる角度があるってことですね。すごいですね、それは。

スマホ向けにコンテンツを作ることはない

鈴木　一つ、シビアな質問になってしまうかもしれませんが、音楽や動画、アプリ、色んな選択肢がある中で、日本で一人から月に500円以上取るっていうことは、すごくハードルが高いと思うんです。お金を持っている人はいいけど、500〜1000円払って見るっていうのは、すごく難しい作業だと思うんですが。どう思われますか？

グレッグ　時間はかかると思います。でも例えば映画館に行くとか、テレビを買うとか、他の形でのペイテレビなどのお金を払って視聴するようなものと比べると、リーズナブルだと思うんです。そういったことを徐々に理解してもらって、これだったらお金払う価値あるなって思わせていくのが大切だと思います。

鈴木　日本はテレビから少しずつ少しずつ視聴者が離れていって、その円が微妙に1ミリずつ小さくなっている気がするんです。

そんな中で、ネットフリックスとかHuluをきっかけに、テレビから離れている人が再び動画コンテンツを見るというカルチャーは日本に根付きますか？

グレッグ　実際に他の国でもそれをやってきていますし、テレビ離れをしている人たちも、動画コンテンツを見たくないわけじゃなくて、自分たちが満足出来るものが見つからない。内容もそうなんですけど、ネットという便利さを一度手にしてしまったがために、便利さを兼ね備えた「見方」というのが出来ないといけない。その二つを満たしてあげられれば、みんな動画コンテンツに戻ってくるんじゃないかなと思いますね。

鈴木　アメリカの場合はスマートフォンで見ている人って、すごく多いんですか？

グレッグ　いますけど、ほとんどの人は家のテレビで見ますね。

鈴木　そうなんですね。僕もネットフリックスはテレビで見る派なんですけど、スマホで映像を見る文化ってどうなっていくと思いますか？

グレッグ　アメリカではほとんどの人たちが家でテレビを見る。でも、アメリカの会員は、テレビでも見るんですけど、スマホでも見ているんですよ。視聴時間は少ないかもしれないけど、いくつかのデバイスで見ているんです。例えば、テレビで見たほうが画像もいいし、体験としてもすごく楽しいけれども、テレビが見られない環境で、どうしても続きが見たいと思ったらスマホで見る。選択肢が多いということです。

鈴木　日本人のスマホの動画視聴時間ってもっと増えますかね？

グレッグ　そう思います。スマホでいい動画を見られるのであれば、通勤時間を利用してスマホで見るっていう人はどんどん増えていくと思います。

鈴木　大学生と話していたら、家でテレビをつけずに、スマホでずーっとなにか見てるって言っていました。

グレッグ　アメリカでもそうですね。特に若い人たちは。両親がリビングでテレビをつけているので、子供は自分の部屋に行ってスマホで見るとか。

鈴木　スマートフォン向けにモノをつくるというのは、今後のビジョンに入っているんですか？

グレッグ　あくまでも、いいコンテンツをつくろうと思っています。それをテレビで見たいという人もいれば、スマホで見たいという人もいます。

鈴木　そこなんですね。ネットフリックスは、やっぱりテレビを通して見るコンテンツが一番？

グレッグ　個人的に大きいスクリーンで見るのが好きだけど、16～17歳では自分の部屋でスマホで見るのが一番楽しめる年齢なのかもしれないし、それは人によって様々ですよね。だからやっぱりコンテンツの内容がすべてです。

鈴木　おもしろいものをつくれば見方はそれぞれということですね!!　その自信がすごいですけどね。

日本のコンテンツが海外でウケるために必要なこと

鈴木　こんなこと聞いて申し訳ないんですけど、今、噂で出ているのは、ネットフリックスが日本で3年くらいで流行らなかったら帰ってしまうという……（笑）。

グレッグ　ずっといたいですよ、もちろん（笑）。日本というマーケットに対して通常の企業であれば、よし日本で自分たちのサービスを開始するにはこのくらいのコストがかかってこのくらい利益を上げなければならないな、という風に考えると思うんです。

鈴木　なりますよね。普通なら。

グレッグ　ただ、自分たちはやはり先ほども言ったように、グローバルネットワークなので、二つの視点で日本を見るんです。

一つはいわゆるコンテンツクリエイト。日本には多くの物語があり、コンテンツを作る想像力を持った人たちがたくさんいます、そういった人たちと仕事をしたい。もう一つは、ネットフリックスが提供する様々なコンテンツを見たいと思うユーザーが日本にはたくさんいる。その二つの観点どちらを見ても日本からいなくなるのは絶対ありえません。

鈴木　日本のどういったクリエイターに期待していますか？

グレッグ　特にアニメは、日本に限らず世界中にファンがすごく多いんですよね。なので、やはり日本の素晴らしいアニメクリエイターたちと、オリジナルコンテンツを作ってそれを世界に発信したいです。

鈴木　アニメは日本の強力な武器ですよね。

グレッグ　それは今後、ものすごく力を入れていきます。例えば、ポリゴン・ピクチュアズの「亜人」はネットフリックスで日本のみならず、海外でも配信予定です。

鈴木　アニメ以外の、日本のドラマとか映画が海外に出ていきにくい理由はなぜだと思いますか？

グレッグ　そもそも今までの日本のドラマってやっぱり世界の人たちに見てもらうという観点で作られていないんです。

鈴木　なるほど……。そこが大事なんですね。

グレッグ　我々が出来ることとしては、まず日本の作品を世界中のオーディエンスに見せること。そうすると、クリエイターたちが、なるほど世界にもオーディエンスがいるんだと気付く。すると制作する段階で、世界中のオーディエンスを意識し、それに沿って、コンテンツも変わっていく。

鈴木　そうなると作り方が変わっていきますよね。

グレッグ　そうなんです。脚本の書き方が変わっていくだろうし、そうして出来上がっていくものっていうのが、もっともっと世界の人たちに訴えかけるものになる。物語としてはおもしろいものはすでにたくさんあると思うんです。だから世界に出していくことで時間はかかるかもしれないけれども、徐々に変わっていくと思いますよ。

鈴木　いやあ、おもしろかったです。今後一緒に何か出来ることがあればぜひよろしくお願いします。

グレッグ　ぜひ。ドラマでもバラエティーでもいいし、バラエティーを作るプロセスを見せるドラマでもいいですよね。色々なことを試してみたいので、何かいいアイデアがあったら。

鈴木　そうですね、日本の地上波では出来ないものを。

グレッグ　そういうものは僕たちもワクワクしますね。

鈴木　日本のテレビの作り手たちが本気で嫉妬するものを作った時に、流行るのかもしれませんね。

グレッグ　（笑）。いいですね！

鈴木　今日はありがとうございました。

グレッグ　ありがとうございました。

＊この対談は2015年12月に収録いたしました。

＊（p.224）Netflixユーザの一人一人の嗜好にあわせて、オススメコンテンツを提案する機能。Netflixでは作品のジャンルや出演者などの言語情報だけでなく、時代の雰囲気やトーン、感情などの非言語情報などにタグ付け（分類わけ）しており、そのタグは8万弱ある。各作品のタグをユーザーの視聴行動（どんなジャンルを見たか、どこで停止したか、など）と紐付けして、オススメコンテンツを提案する。Netflixのユーザーの80%以上がこのレコメンデーション機能を元にコンテンツを視聴している。

おわりに

いかがだったでしょうか？「新企画」。

あらためてもう一度ここでも書きますが、すでにここに出た企画を考えていたり、類似のものをすでに作られていた方がいたらすいません。

この本を出すことで、おそらく嫌悪感を抱くテレビ界の方もいるでしょう。が、しかし、今、テレビが大きく本格的に変わってきている中、僕がこの本をこのタイミングで出すことはとても大切なことだと思っています。

今、わかってもらえなくても、数年後にはわかってもらえるよう、自分がこの本を出した後、どう動くかだと思っています。

10年近く前に、品川庄司の品川君が僕に言った言葉。「やる」と「やろうと思った」の間には大きな川が流れている。

この言葉、本当に大好きな言葉になりました。

「やろうと思ってる人」は沢山いて、それを実際「やった」にすることって本当に大変で、この薄皮一枚に思われる皮が実はとてつもなく分厚いのです。

僕は、この「新企画」の本を「いつか書きたい」と思っていた。書くことはしんどい。

だけど僕も現在43歳。このまま時間が流れて気づくと50代に入っているだろう。だから、自分の人生で、これからは「やろうと思った」をいくつ潰して実行していくかが大切だと強く思っています。

今回、このような形で「やる」ことが出来たこと、そのきっかけをいただいた幻冬舎さんには深く感謝しております。

というわけで。

この中の企画のいくつかが何かの形になることを願って。新企画。

鈴木おさむ

鈴木おさむ（すずき・おさむ）

1972年生まれ。放送作家。
千葉県千倉町（現・南房総市）生まれ。
19歳の時に放送作家となり、初期はラジオ、
20代中盤からはテレビの構成をメインに数々のヒット作を手掛ける。
30歳の時に森三中の大島美幸と結婚。
その結婚生活をエッセイにした『ブスの瞳に恋してる』はシリーズ累計60万部。
小説では『芸人交換日記～イエローハーツの物語～』（太田出版）、
『美幸』（KADOKAWA）、『名刺ゲーム』（扶桑社）等。
映画脚本では「ハンサム★スーツ」、
69億円のヒットを記録した「ONEPIECE FILM Z」、
「新宿スワン」なども担当。
ドラマや映画の脚本、舞台の作・演出、
ラジオパーソナリティ等様々な方面で活躍。

オフィシャルブログ　http://ameblo.jp/smile-osamu/

イラストレーション　長場 雄
対談写真　瀬谷 壮士
ブックデザイン　鈴木成一デザイン室

新企画 渾身の企画と発想の手の内すべて見せます

二〇一六年三月一五日　第一刷発行

著者　鈴木おさむ
発行者　見城徹
発行所　株式会社 幻冬舎
〒一五一-〇〇五一 東京都渋谷区千駄ヶ谷四-九-七
電話　〇三(五四一一)六二一一(編集)
〇三(五四一一)六二二二(営業)
振替　〇〇一二〇-八-七六七六四三
印刷・製本所　中央精版印刷株式会社

ISBN978-4-344-02909-5 C0095
幻冬舎ホームページアドレス http://www.gentosha.co.jp/
この本に関するご意見・ご感想をメールでお寄せいただく場合は、comment@gentosha.co.jp まで。